JIADIAN WEIXIU ZHIYE JINENG SUCHENG KETANG
KONGTIAOQI

家电维修
职业技能
速成课堂

空调器

陈铁山　主编

化学工业出版社

·北京·

本书从空调器维修职业技能需求出发，系统介绍了空调器维修基础与操作技能，通过模拟课堂讲解的形式介绍了空调器维修场地的搭建与工具的使用、维修配件的识别与检测、维修操作规程的实际应用；然后通过课内训练和课后练习的形式对空调器重要构件部件与单元电路的故障进行重点详解，并精选空调器维修实操实例，重点介绍检修步骤、方法、技能、思路、技巧及难见故障的处理技巧与要点点拨，以达到快速、精准、典型示范维修的目的。书末还介绍了空调器主流芯片的参考应用电路和按图索故障等资料，供实际维修时参考。

本书可供空调器维修人员学习使用，也可供职业学校相关专业的师生参考！

图书在版编目（CIP）数据

家电维修职业技能速成课堂·空调器/陈铁山主编.
北京：化学工业出版社，2017.1
ISBN 978-7-122-28387-0

Ⅰ.①家…　Ⅱ.①陈…　Ⅲ.①空气调节器-维修
Ⅳ.①TM925.07

中国版本图书馆 CIP 数据核字（2016）第 259776 号

责任编辑：李军亮　　　　　　　文字编辑：谢蓉蓉
责任校对：王素芹　　　　　　　装帧设计：史利平

出版发行：化学工业出版社（北京市东城区青年湖南街 13 号　邮政编码 100011）
印　　刷：北京云浩印刷有限责任公司
装　　订：三河市骤发装订厂
850mm×1168mm　1/32　印张 8½　字数 224 千字
2017 年 2 月北京第 1 版第 1 次印刷

购书咨询：010-64518888（传真：010-64519686）　售后服务：010-64518899
网　　址：http://www.cip.com.cn
凡购买本书，如有缺损质量问题，本社销售中心负责调换。

定　　价：36.00 元

前言

Foreword

空调器量大面广，在使用过程中产生故障在所难免。空调器维修技术人员普遍存在数量不足和维修技术不够熟练的现状，而打算从事维修职业的人员很多，针对这一现象，我们将维修实践经验与理论知识进行强化结合，以课堂的形式将课前预备知识、维修技能技巧，课内品牌专讲、专题训练、课后实操训练四大块为重点，将复杂的理论通俗化，将繁杂的检修明了化，建立起理论知识和实际维修之间的最直观桥梁。让初学者快速入门并提高，以掌握维修技能。

本书具有以下特点：

课堂内外，强化训练；

直观识图，技能速成；

职业实训，要点点拨；

按图索骥，一看就会。

值得指出的是：由于生产厂家众多，各厂家资料中所给出的电路图形符号、文字符号等不尽相同，为了便于读者结合实物维修，本书未按国家标准完全统一，敬请读者谅解！

本书由陈铁山任主编，刘淑华、张新德、张新春、张利平、陈金桂、刘晔、张云坤、王光玉、王娇、刘运和、陈秋玲、刘桂华、张美兰、周志英、刘玉华、张健梅、袁文初、张冬生、王灿等参加了部分内容的编写、翻译、排版、资料收集、整理和文字录入等工作。

由于水平所限，书中不妥之处在所难免，敬请广大读者批评指正。

编　者

目录

Contents

Chapter 01

第一讲 ━▶≫

维修职业化训练预备知识

课堂一 电子基础知识

一、模拟电路

模拟电路就是利用信号的大小强弱（某一时刻的模拟信号，即时间和幅度上都连续的信号）表示信息内容的电路，例如声音经话筒变为电信号，其电信号的大小就对应于电信号大小强弱（电压的高低值或电流的大小值），用以处理该信号的电路就是模拟电路。模拟信号在传输过程中很容易受到干扰而产生失真（与原来不一样）。与模拟电路对应的就是数字电路。模拟电路是数字电路的基础。

学习模拟电路应掌握以下概念。

1. 电源

电源是电路中产生电能的设备。按其性质不同，分为直流电源和交流电源。直流电源是由化学能转换为电能的，如干电池和铅蓄电池；交流电源是通过发电机产生的。

电源内有一种外力，能使电荷移动而做功，这种外力做功能力称为电源电动势，常用符号 E 表示，其单位为伏特（V），常用单位及换算关系如下。

$$1千伏(kV) = 1000伏(V)$$
$$1伏(V) = 1000毫伏(mV)$$

$$1毫伏(mV)＝1000微伏(\mu V)$$

2. 电路

电路指电流通过的路径。它由电源、导线和控制元器件组成。

3. 电流

电流是指电荷在导体上的定向移动，在单位时间内通过导体某一截面的电荷量用符号 I 表示。电流的大小和方向能随时间有规律的变化，叫做交流电流；电流的大小和方向不随时间发生变化，叫做恒定直流电。

电流的单位为安培，用字母 A 表示，常用单位及换算关系如下。

$$1安培(A)＝1000毫安(mA)$$
$$1毫安(mA)＝1000微安(\mu A)$$

4. 电压

电压是指电流在导体中流动的电位差。电路中元器件两端的电压用符号 U 表示，其单位为伏特（V），常用单位还有毫伏（mV）、微伏（μV）等。

5. 电阻

电阻是指导体本身对电流所产生的阻力。电阻用符号 R 表示，其单位为欧姆，用符号 Ω 表示。常用单位及换算关系如下。

$$1千欧(k\Omega)＝1000欧(\Omega)$$
$$1兆欧(M\Omega)＝10^3千欧(k\Omega)＝10^6欧(\Omega)$$

由于电阻的大小与导体的长度成正比，与导体的截面积成反比，且与导体的本身材料质量有关，其计算公式为：

$$R=\rho\frac{L}{A}$$

式中　L——导体的长度，m；

　　　A——导体的截面积，m^2；

　　　ρ——导体的电阻率，$\Omega \cdot m$。

6. 电容

电容是指电容器的容量。电容器由两块彼此相互绝缘的导体组成，一块导体带正电荷，另一块导体一定带负电荷。其储存的电荷量与加在两导体之间的电压成正比。

电容用字母 C 表示。电容量的基本单位为法拉，用字母 F 表示。常用单位及换算关系如下。

$$1法(F) = 10^6 微法(\mu F) = 10^{12} 皮法(pF)$$

电容器在电路中有以下作用。

能起到隔直流通交流的作用。

电容器与电感线圈可以构成具有某种功能的电路。

利用电容器可实现滤波、耦合定时和延时等功能。

使用电容器时应注意：电容器串联使用时，容量小的电容器比容量大的电容器所分配的电压要高，串联使用时要注意每个电容器的电压不要超过其额定电压。电容器并联使用时，等效电容的耐压值等于并联电容器中最低额定工作电压。

电阻和电容串并联时的等效计算见表 1-1。

表 1-1　电阻和电容串并联等效电容计算

计算内容	阻容联接图	等效阻容计算公式
串联电阻总电阻的计算		$R = R_1 + R_2 + \cdots + R_i + \cdots + R_n = \sum\limits_{i=1}^{n} R_i$ $G = \dfrac{1}{\dfrac{1}{G_1} + \dfrac{1}{G_2} + \cdots + \dfrac{1}{G_i} + \cdots + \dfrac{1}{G_n}} = \dfrac{1}{\sum\limits_{i=1}^{n} \dfrac{1}{G_i}}$
并联电阻总电阻的计算		$G = G_1 + G_2 + \cdots + G_i + \cdots + G_n = \sum\limits_{i=1}^{n} G_i$ $\dfrac{1}{R} = \dfrac{1}{R_1} + \dfrac{1}{R_2} + \cdots + \dfrac{1}{R_i} + \cdots + \dfrac{1}{R_n} = \sum\limits_{i=1}^{n} \dfrac{1}{R_i}$
串联电容总电容的计算		$\dfrac{1}{C} = \dfrac{1}{C_1} + \dfrac{1}{C_2} + \cdots + \dfrac{1}{C_i} + \cdots + \dfrac{1}{C_n} = \sum\limits_{i=1}^{n} \dfrac{1}{C_i}$

续表

计算内容	阻容联接图	等效阻容计算公式
并联电容总电容的计算	$C \rightarrow$ C_1 C_2 $\cdots$ C_n	$C = C_1 + C_2 + \cdots + C_i + \cdots + C_n = \sum\limits_{i=1}^{n} C_i$

注：表中 G 为电导，$G = \dfrac{1}{R}$。

7. 电能

电能是指在某一段时间内电流的做功量。常用千瓦时（kW·h）作为电能的计算单位，即功率为 1kW 的电源在 1h 内电流所做的功。

电能用符号 W 表示，其单位为焦耳，符号为 J。电能的计算公式为：

$$W = Pt$$

式中　P——电功率，W；

　　　t——时间，s。

8. 电功率

电功率是指在一定的单位时间内电流所做的功。电功率用符号 P 表示，其单位为瓦特，单位符号为 W，常用单位千瓦（kW）和毫瓦（mW）等，即 1W=1000mW。

电功率是衡量电能转换速度的物理量。

假设在一个电阻值为 R 的电阻两端加上电压 U，而流过 R 的电流为 I，则该电阻上消耗的电功率 P 为：

$$P = UI = I^2 R = \frac{U}{R}$$

9. 电感线圈

电感线圈是用绝缘导线绕制在铁芯或支架上的线圈。它具有通直流阻交流的作用，可以配合其他电器元器件组成振荡电路、调谐电路、高频和低频滤波电路。

电感是自感和互感的总称，其两种现象表现为：当线圈本身通过的电流发生变化时将引起线圈周围磁场的变化，而磁场的变化又在线圈中产生感应电动势，这种现象称为自感；两只互相靠近的线圈，其中一个线圈中的电流发生变化，而在另一个线圈中产生感应电动势，这种现象称为互感。

电感用符号 L 表示，单位为亨利，用字母 H 表示。常用单位及换算关系为：

$$1 亨(H) = 10^3 毫亨(mH) = 10^6 微亨(\mu H)$$

电感线圈对交流电呈现的阻碍作用称作感抗，用符号 X_L 表示，单位为欧姆（Ω）。感抗与线圈中的电流的频率及线圈电感量的关系为：

$$X_L = \omega L = 2\pi f L$$

式中　ω——角速度，rad/s；

　　　f——频率，Hz；

　　　L——电感，H。

10. 欧姆定律

在一段不含电动势只有电阻的电路中流过电阻 R 的电流 I 与加在电阻两端的电压 U 成正比，与电阻成反比，称为无源支路的欧姆定律。

欧姆定律的计算公式为：

$$I = \frac{U^2}{R}$$

式中　I——支路电流，A；

　　　U——电阻两端的电压，V；

　　　R——支路电阻，Ω。

在一段含有电动势 E 的电路中，其支路电流的大小和方向与支路电阻、电动势的大小和方向、支路两端的电压有关，称为有源支路欧姆定律。其计算公式为：

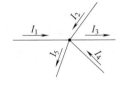

图 1-1　基尔霍夫第一定律

$$I = \frac{U - E}{R}$$

11. 基尔霍夫定律

基尔霍夫第一定律为节点电流定律，几条支路所汇集的点称为节点。对于电路中任一节点，任一瞬间流入该节点的电流之和必须等于流出该节点的电流之和，如图 1-1 所示。或者说流入任一节点的电流的代数和等于 0（假定流入的电流为正值，流出的则看作是流入一个负极的电流），即：

$$I_1 + I_2 - I_3 + I_4 - I_5 = 0$$

基尔霍夫第二定律为回路电压定律。电路中任一闭合路径称作回路，任一瞬间，电路中任一回路的各阻抗上的电压降的代数和恒等于回路中各电动势的代数和。

12. 频率

频率是指交流电流量每秒完成的循环次数。用符号 f 表示，单位为赫兹（Hz）。我国交流供电的标准频率为 50Hz。

13. 周期

周期是指电流变化一周所需要的时间。用符号 T 表示，单位为秒（s）。周期与频率的关系是互为倒数，其数学公式为：

$$T = \frac{1}{f}$$

14. 相位和初相位

在电流表达式 $i = I_m \sin(\omega t + \phi)$ 式中，电角度（$\omega t + \phi$）是表示正弦交流电变化过程的一个物理量，称为相位。当 $t = 0$（即起始时）时的相位 ϕ 称为初相位。

15. 角频率

角频率是指正弦交流电在单位时间内所变化的电角度。用符号 ω 表示。单位是弧度/秒（rad/s）。角频率与频率和周期的关系为：

$$\omega = 2\pi f = \frac{2\pi}{T}$$

16. 振幅值

振幅值是指交流电流或交流电压，在一个周期内出现的电流或电压的最大值，用符号 I_m 表示。

17. 有效值

有效值是指交流电流 i 通过一个电阻时，在一个周期内所产生的热量。如果与一个恒定直流电流 I 通过同一电阻时所产生的热量相等，该恒定直流电流值的大小称为该交流电流的有效值。用字母 I 表示，电压有效值用 U 表示。

对于正弦交流电，其电流及电压的有效值与振幅值的数量关系为：

$$I = \frac{I_m}{\sqrt{2}} \quad U = \frac{U_m}{\sqrt{2}}$$

18. 相电压

相电压是指在三相对称电路中，每相绕组或每相负载上的电压，即端线与中线之间的电压。

19. 相电流

相电流是指在三相对称的电路中，流过每相绕组或每相负载上的电流。

20. 线电压

线电压是指在三相对称电路中，任意两条线之间的电压。

21. 线电流

线电流是指在三相对称电路中，端线中流过的电流。

二、数字电路

用数字信号完成对数字量进行算术运算和逻辑运算的电路称为数字电路或数字系统。由于它具有逻辑运算和逻辑处理的功能，所以又称数字逻辑电路。现代的数字电路是由半导体工艺制成的若干数字集成器件构造而成。逻辑门是数字逻辑电路的基本单元。存储器是用来存储二值数据的数字电路。从整体上看，数字电路可以分为组合逻辑电路和时序逻辑电路两大类。

数字电路与模拟电路不同，它不利用信号大小强弱来表示信息，它是利用电压的高低或电流的有无或电路的通断来表示信息的

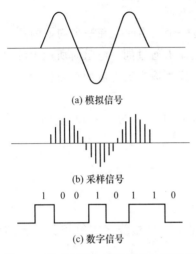

(a) 模拟信号

(b) 采样信号

1 0 0 1 0 1 1 0

(c) 数字信号

图 1-2 数字信号与模拟信号波形对照

1 或 0，用一连串的 1 或 0 编码表示某种信息（由于只有 1 与 0 两个数码，所以称为二进制编码，图 1-2 所示为数字信号与模拟信号波形对照）。用以处理二进制信号的电路就是数字电路，它利用电路的通断来表示信息的 1 或 0。其工作信号是离散的数字信号。电路中晶体管的工作状态，即时而导通时而截止就可产生数字信号。

最初的数字集成器件以双极型工艺制成了小规模逻辑器件，随后发展到中规模逻辑器件；20 世纪 70 年代末，微处理器的出现，使数字集成电路的性能产生了质的飞跃，出现了大规模的数字集成电路。数字电路最重要的单元电路就是逻辑门。

数字集成电路是由许多逻辑门组成的复杂电路。与模拟电路相比，它主要进行数字信号的处理（即信号以 0 与 1 两个状态表示），因此抗干扰能力较强。数字集成电路有各种门电路、触发器以及由它们构成的各种组合逻辑电路和时序逻辑电路。一个数字系统一般由控制部件和运算部件组成，在时脉的驱动下，控制部件控制运算部件完成所要执行的动作。通过模拟数字转换器、数字模拟转换器，数字电路可以和模拟电路实现互联互通。

1. 数字电路的分类

（1）按逻辑功能的不同特点，可分为组合逻辑电路和时序逻辑

电路两大类。

① 组合逻辑电路，简称组合电路，它由最基本的逻辑门电路组合而成。其特点是：输出值只与当时的输入值有关，由当时的输入值决定。电路没有记忆功能，输出状态随着输入状态的变化而变化，类似于电阻性电路，如加法器、译码器、编码器、数据选择器等都属于此类。

② 时序逻辑电路，简称时序电路，它是由最基本的逻辑门电路加上反馈逻辑回路（输出到输入）或器件组合而成的电路，与组合电路最本质的区别在于时序电路具有记忆功能。时序电路的特点是：输出不仅取决于当时的输入值，而且还与电路过去的状态有关。它类似于含储能元器件的电感或电容的电路，如触发器、锁存器、计数器、移位寄存器、储存器等电路都是时序电路的典型器件。

（2）按电路有无集成元器件来分，可分为分立元器件数字电路和集成数字电路。

（3）按集成电路的集成度进行分类，可分为小规模集成数字电路（SSI）、中规模集成数字电路（MSI）、大规模集成数字电路（LSI）和超大规模集成数字电路（VLSI）。

（4）按构成电路的半导体器件来分类，可分为双极型数字电路和单极型数字电路。

（5）数字电路还可分为数字脉冲电路和数字逻辑电路。前者研究脉冲的产生、变换和测量；后者对数字信号进行算术运算和逻辑运算。

2. 数字电路的特点

（1）同时具有算术运算和逻辑运算功能。数字电路是以二进制逻辑代数为数学基础，使用二进制数字信号，既能进行算术运算又能方便地进行逻辑运算（与、或、非、判断、比较、处理等），因此极其适合于运算、比较、存储、传输、控制、决策等应用。

（2）实现简单，系统可靠。以二进制作为基础的数字逻辑电路，可靠性较强。电源电压的小波动对其没有影响，温度和工艺偏差对其工作的可靠性影响也比模拟电路小得多。

（3）集成度高，功能实现容易。集成度高、体积小、功耗低是数字电路突出的优点。

（4）电路的设计、维修、维护灵活方便，随着集成电路技术的高速发展，数字逻辑电路的集成度越来越高，集成电路块的功能随着 SSI、MSI、LSI、VLSI 的发展也从元器件级、器件级、部件级、板卡级上升到系统级。电路的设计组成只需采用一些标准的集成电路块单元连接而成。对于非标准的特殊电路还可以使用可编程序逻辑阵列电路，通过编程的方法实现任意的逻辑功能。

3. 数字电路的应用

数字电路与数字电子技术广泛地应用于电视、雷达、通信、电子计算机、自动控制、航天等科学技术领域。

课堂二 元器件预备知识

一、常用电子元器件识别

（一）电阻

在电路中对电流产生阻碍作用的称为电阻，它的符号为"R"，单位有欧姆（Ω）、千欧（kΩ）、兆欧（MΩ）。它可分为线绕电阻、薄膜电阻、实心电阻、敏感电阻，如图 1-3 所示。

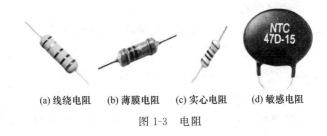

(a) 线绕电阻　　(b) 薄膜电阻　　(c) 实心电阻　　(d) 敏感电阻

图 1-3　电阻

（二）电容

电容是电子线路中广泛应用的器件之一，它是在两个金属电极之间夹了一层绝缘电介质构成，又称为电容器，它用于隔直、耦合、旁路、滤波、调谐回路、能量转换、控制电路等方面。用符号"C"表示，它的单位有法（F）、微法（μF）、皮法（pF）。电容按照结构可分为三大类：固定电容器、可变电容器和微调电容器，如图 1-4 所示。

(a) 固定电容器　　(b) 可变电容器　　(c) 微调电容器

图 1-4　电容器

（三）二极管

二极管是往一个方向传送电流的电子器件，也可称为晶体二极管，它是由一个 P 型半导体和 N 型半导体形成的 PN 结，主要作用为检波、整流、开关、稳压等。二极管按作用可分为整流二极管、稳压二极管、开关二极管、发光二极管、光敏二极管等，如图 1-5 所示。

(a) 整流二极管 (b) 稳定二极管 (c) 光敏二极管　　(d) 开关二极管　　(e) 发光二极管

图 1-5　二极管

（四）三极管

三极管是电流控制电流的半导体双极型的晶体管，具有两个 PN

结，三个电极（发射极、基极、集电极），它的作用是控制电流的大小。按着它的工作频率可分为高频三极管、低频三极管、开关管，如图1-6所示。

图1-6 三极管

（五）电感

电感是在电路中用来存储磁场能量的元件，由线圈绕制而成，单位为亨（H），它按用途可分为振荡电感器、校正电感器、显像管偏转电感器、阻流电感器、滤波电感器、隔离电感器和被偿电感器等，如图1-7所示。

（六）变压器

变压器是将能量从一个回路传递到另一个回路的电子元件，它主要由初级线圈、次级线圈和铁芯组成，主要功能为电压变换、电流变换、阻抗变换、隔离、稳压等，如图1-8所示。

图1-7 电感

图1-8 变压器

（七）集成电路

集成电路又称为IC，是一种微型电子器件，如图1-9所示。它是把一个电路中的电阻、电感、二极管等制造在一个元件封装里，根据其功能、结构的不同，可分为模拟集成电路、数字集成电路和数/模混合集成电路三大类。

（八）晶振

晶振是一种机电器件，也称晶体谐振器，它是时钟电路中最重要的部件，如图1-10所示。

图 1-9　集成电路

图 1-10　晶振

（九）继电器

继电器是一种电子控制元件，一般用于自动控制电路中，它具有自动调节、安全保护、转换电路等作用，如图 1-11 所示。

图 1-11　继电器

二、专用电子元器件识别

（一）压缩机

压缩机是空调制冷系统中的重要部件，常被喻为空调器的"心脏"，如图 1-12 所示。它一般装在室外机内，按效率由高至低可分为涡旋式、旋转式和往复式。它的主要作用是将低温低压的液态制冷剂压缩成高温高压的气态制冷剂，再通过容积变化而达到缩小体积增大压力的目的。

（二）蒸发器

蒸发器属于低压部件，它是对空调房间的空气进行吸热，装在毛细管与压缩机吸入口之间，如图 1-13 所示。当冷凝器中冷凝后的高压制冷剂液体经过过滤器到毛细管节流降压后进入蒸发器，蒸发器将其变成低压饱和气体的同时吸收外界热量。

图 1-12　压缩机

图 1-13　蒸发器

（三）冷凝器

冷凝器（图 1-14）属于高压部件，它是向室外放出热量，装在压缩机排出口和过滤器之间。它是将压缩机排出的高压高温制冷剂气体的热量传递给周围空气。

（四）毛细管

毛细管（图 1-15）在空调制冷系统中主要起到节流和降压作用，它装在冷凝器与蒸发器之间。当冷凝器流出的制冷剂在经过毛细管时将会受到较大的阻力，从而使液体制冷剂的流量减少，限制制冷剂进入蒸发器的数量，稳定冷凝器中的压力，同时毛细管两端的压力差也为稳定状态，因此，蒸发器的制冷剂降低压力进行充分的蒸发吸热，从而达到制冷。

图 1-14　冷凝器

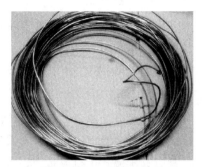

图 1-15　毛细管

（五）干燥过滤器

干燥过滤器在压缩机和制冷系统正常运行时起着重要作用，比如储液作用、过滤作用、干燥作用。它也可简称为干燥器，如图1-16 所示。

（六）气液分离器

气液分离器（图 1-17）装在蒸发器与压缩机回气管之间，它的作用是防止液态制冷剂进入压缩机，因此它的滤网设计比较特

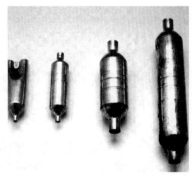

图 1-16　干燥过滤器

图 1-17　气液分离器

殊，只许气态形式的制冷剂和部分润滑油从中通过，而不允许液态制冷剂通过。

（七）电加热器

电加热器主要用于冷暖型空调，它是作用是辅助空调加热，当房间制热量不足时，电加热自动开启，由风机将热空气直接吹进房间，如图1-18所示。

（八）风机

风机可分为离心式风机和轴流式风机两种。离心式风机风压高、风量小、噪声小，蒸发器采用这种风机将冷空气吹到室内较远的地方；轴流式风机风量大、风压小、噪声大，冷凝器采用这种风机将冷凝器四周的热空气全部吹走，如图1-19所示。

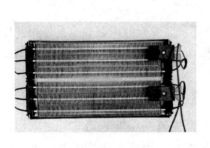

图1-18　电加热器　　　　　　　　图1-19　风机

（九）四通阀

四通阀是热泵型空调的重要部件，如图1-20所示。它安装在压缩机排气口，主要作用是改变制冷剂的流向从而完成制冷或制热过程。

（十）温度传感器

温度传感器简称为NTC，是负温度系数热敏电阻，它的阻值随温度的变化而变化，当温度升高时其阻值降低，当温度降低时其阻值增大。温度传感器如图1-21所示。

图 1-20 四通阀

图 1-21 温度传感器

※**知识链接**※ 不同机型的温度传感器，其插接器的形状是不完全相同的，与旧机插座可能不配套。此时可拆下旧机上的插接器，换到新温度传感器上。图 1-22 所示为其拆换方法。

图 1-22 温度传感器插接器拆换方法

课堂三 电路识图

一、电路图形符号简介

符号含义	电路或器件符号	备注
NPN 三极管		

续表

符号含义	电路或器件符号	备注
N 沟道场效应管		
PNP 三极管		
P 沟道场效应管		
按钮开关		
单极转换开关		
导线丁字形连接		
导线间绝缘击穿		
电感		
电感(带铁芯)		
电感(带铁芯有间隙)		
电气或电路连接点		
电阻		
端子		
断路器		

续表

符号含义	电路或器件符号	备注
二极管		
反相器		
放大器		
非门逻辑元件		
蜂鸣器		
高压负荷开关		
高压隔离开关		
滑动电位器		
滑动电阻器		
或逻辑元件		
极性电容		如电解电容
继电器线圈		
交流		表示交流电源

续表

符号含义	电路或器件符号	备注
交流电动机		
交流继电器线圈		
交流整流器		
接触器动断触点		
接触器动合触点		
接地		热地
接地		抗干扰接地
接地		保护接地
接地		接机壳
接地		冷地
开关		
可变电容		
可变电阻		
滤波器		
桥式全波整流器		

续表

符号含义	电路或器件符号	备注
热继电器开关		
热继电器驱动部分		
热敏开关		
手动开关		
稳压二极管		
无极性电容		
线圈(混合)		
压缩器		
异或逻辑元件	=1	
与逻辑元件	&	
直流		表示直流电源
直流并励电动机	M	
直流串磁电动机	M	

续表

符号含义	电路或器件符号	备注
直流电动机	Ⓜ	
直流他励电动机	Ⓜ	
中性线、零线	N	L 表示火线，E 表示地线

二、空调器常用元器件引脚功能及内部电路

（一）24C01A

脚号	引脚符号	引脚功能	备注
1	A0	片选地址输入	该集成电路为 I2C 串行 EEP-ROM，应用在海信 KFR-32GW/29RBP 空调器 IPM 板上。24C01A 内部结构如图 1-23 所示
2	A1	片选地址输入	
3	A2	片选地址输入	
4	GND	地	
5	SDA	串行地址/数据输入与输出端	
6	SCL	串行时钟	
7	WP	写保护输入	
8	V_{CC}	电源（+5V）	

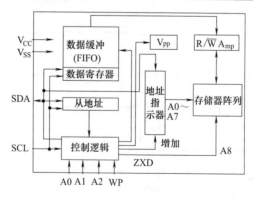

图 1-23　24C01A 内部框图

（二）LM7805

脚号	引脚符号	引脚功能	备注
1	INPUT	输入端	LM7805 为三端稳压器，其封装及内部框图如图 1-24 所示。此表同时适用于 LM7812
2	GND	地	
3	OUTPUT	输出端	

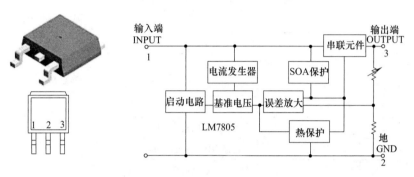

图 1-24　LM7805 封装及内部框图

（三）MB89P485

脚号	引脚符号	引脚功能	备注
1	SEG7	LCD 段输出	MB89P485 为 8 位微控制器，采用 64 脚 DIP 与 QFP 封装，内部结构如图 1-25 所示
2	P40/SEG8	通用输入/输出端子	
3	P41/SEG9	通用输入/输出端子	
4	P42/SEG10	通用输入/输出端子	
5	P43/SEG11	通用输入/输出端子	
6	P44/SEG12	通用输入/输出端子	
7	P45/SEG13	通用输入/输出端子	
8	P46/SEG14	通用输入/输出端子	
9	P47/SEG15	通用输入/输出端子	
10	P50/SEG16	通用输入/输出端子	
11	P51/SEG17	通用输入/输出端子	
12	P52/SEG18	通用输入/输出端子	

续表

脚号	引脚符号	引脚功能	备注
13	P53/SEG19	通用输入/输出端子	
14	P54/SEG20	通用输入/输出端子	
15	P55/SEG21	通用输入/输出端子	
16	P56/SEG22	通用输入/输出端子	
17	P57	CMOS 输入端子	
18	P10/SEG23/INT10	通用输入/输出端子	
19	P11/SEG24/INT11	通用输入/输出端子	
20	P12/SEG25/INT12	通用输入/输出端子	
21	P13/SEG26/INT13	通用输入/输出端子	
22	X0A	连接晶体或其他振荡器	
23	X1A	连接晶体或其他振荡器	
24	C	连接电容	
25	V_{SS}	电源	MB89P485 为 8 位微控制器,采用 64 脚 DIP 与 QFP 封装,内部结构如图 1-25 所示
26	X0	连接晶体或其他振荡器	
27	X1	连接晶体或其他振荡器	
28	MODE	设置记忆存取模式的输入	
29	$\overline{RST}$	复位	
30	P14/SEG27/AN0	通用输入/输出端子	
31	P15/SEG28/AN1	通用输入/输出端子	
32	P16/SEG29/AN2	通用输入/输出端子	
33	P17/SEG30/AN3	通用输入/输出端子	
34	AV_{CC}	模拟电路电源	
35	AV_{SS}	模拟电路电源	
36	P07/$\overline{INT27}$/BUZ	CMOS 输入/输出端子	
37	P06/$\overline{INT26}$/PPG	CMOS 输入/输出端子	
38	P05/$\overline{INT25}$/PWC	CMOS 输入/输出端子	
39	P04/$\overline{INT24}$	CMOS 输入/输出端子	

续表

脚号	引脚符号	引脚功能	备注
40	P03/$\overline{INT23}$	CMOS 输入/输出端子	
41	P02/$\overline{INT22}$	CMOS 输入/输出端子	
42	P01/$\overline{INT21}$	CMOS 输入/输出端子	
43	P00/$\overline{INT20}$	CMOS 输入/输出端子	
44	P20/PWM	CMOS 输入/输出端子	
45	P21/SCK	CMOS 输入/输出端子	
46	P22/SO	CMOS 输入/输出端子	
47	P23/SI	CMOS 输入/输出端子	
48	P24/C1/TO2	CMOS 输入/输出端子	
49	P25/C0/EC2	CMOS 输入/输出端子	
50	V0/SEG0	LCD 驱动功率供应	
51	P26/U1/TO1	CMOS 输入/输出端子	MB89P485 为 8 位微控制器,采用 64 脚 DIP 与 QFP 封装,内部结构如图 1-25 所示
52	P27/U2/EC1	CMOS 输入/输出端子	
53	V3	LCD 驱动功率供应	
54	P31/COM3	通用引流输出端子	
55	P30/COM2	通用引流输出端子	
56	COM1	LCD 通用输出	
57	V$_{CC}$	电源	
58	COM0	LCD 通用输出	
59	SEG1	LCD 段输出	
60	SEG2	LCD 段输出	
61	SEG3	LCD 段输出	
62	SEG4	LCD 段输出	
63	SEG5	LCD 段输出	
64	SRG6	LCD 段输出	

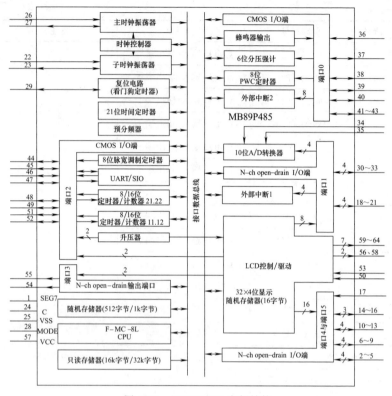

图 1-25　MB89P485 内部结构

（四）MC68HC908JL16

脚号	引脚符号	引脚功能	备注
1	OSC1	晶体振荡器输入	MC68HC908JL16 为 8 位微控制器，采用 32 脚 LQFP 封装，应用在海尔 KFR-50/60/72LW/R（DBPQXF）空调器室内机电路上。MC68HC908JL16 内部结构如图 1-26 所示
2	OSC2/RCCLK/PTA6/KBI6	晶体振荡器输出/RC 振荡器时钟输出/端口 A 输入与输出端/键控中断	
3	PTA1/KBI1	端口 A 输入与输出端/键控中断	
4	V_{DD}	电源	
5	PTA2/KBI2/SDA	端口 A 输入与输出端/键控中断/串行数据	

续表

脚号	引脚符号	引脚功能	备注
6	PTA3/KBI3/SCL	端口 A 输入与输出端/键控中断/串行时钟	
7	PTB7/ADC7	端口 B 输入与输出端/ADC 通道输入	
8	PTB6/ADC6	端口 B 输入与输出端/ADC 通道输入	
9	PTB5/ADC5	端口 B 输入与输出端/ADC 通道输入	
10	PTD7/RxD/SDA	端口 D 输入与输出端/接收数据/串行数据	
11	PTD6/TxD/SCL	端口 D 输入与输出端/发送数据/串行时钟	MC68HC908JL16 为 8 位微控制器,采用 32 脚 LQFP 封装,应用在海尔 KFR-50/60/72LW/R(DBPQXF)空调器室内机电路上。MC68HC908JL16 内部结构如图 1-26 所示
12	PTE0/T2CH0	端口 E 输入与输出端/定时器 2 通道输入与输出	
13	PTE1/T2CH1	端口 E 输入与输出端/定时器 2 通道输入与输出	
14	PTB4/ADC4	端口 B 输入与输出端/ADC 通道输入	
15	PTD0/ADC11	端口 D 输入与输出端/ADC 通道输入	
16	PTB3/ADC3	端口 B 输入与输出端/ADC 通道输入	
17	PTB2/ADC2	端口 B 输入与输出端/ADC 通道输入	
18	PTD1/ADC10	端口 D 输入与输出端/ADC 通道输入	
19	PTB1/ADC1	端口 B 输入与输出端/ADC 通道输入	

续表

脚号	引脚符号	引脚功能	备注
20	PTB0/ADC0	端口 B 输入与输出端/ADC 通道输入	
21	PTD3/ADC8	端口 D 输入与输出端/ADC 通道输入	
22	PTA4/KBI4	端口 A 输入与输出端/键控中断	
23	PTD2/ADC9	端口 D 输入与输出端/ADC 通道输入	
24	PTD5/T1CH1	端口 D 输入与输出端/定时器 1 通道输入与输出	
25	PTD4/T1CH0	端口 D 输入与输出端/定时器 1 通道输入与输出	MC68HC908JL16 为 8 位微控制器,采用 32 脚 LQFP 封装, 应用在海尔 KFR-50/60/72LW/R(DBPQXF)空调器室内机电路上。MC68HC908JL16 内部结构如图 1-26 所示
26	PTA5/KBI5	端口 A 输入与输出端/键控中断	
27	RST	复位	
28	PTA7/KBI7	端口 A 输入与输出端/键控中断	
29	ADC12/T2CLK	ADC 通道输入/定时器 2 外部输入时钟信号	
30	IRQ	外部中断请求	
31	PTA0/KBI0	端口 A 输入与输出端/键控中断	
32	V_{SS}	地	

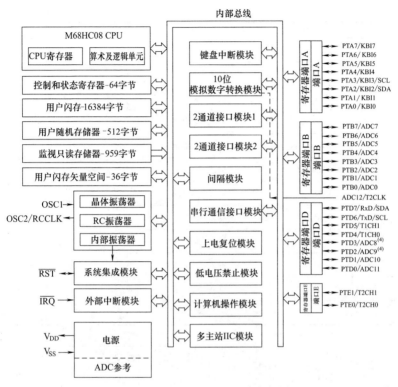

图 1-26 MC68HC908JL16 内部框图

（五）ST6220B6

脚号	引脚符号	引脚功能	备注
1	V$_{DD}$	电源	
2	TIMER	定时器	
3	OSCIN	振荡器输入	ST6220B6 为 8 位 HC-MOS 微处理器与 A/D 转换器,其封装及内部结构如图 1-27 所示
4	OSCOUT	振荡器输出	
5	NMI	外部不屏蔽中断	
6	TEST	测试	
7	$\overline{RESET}$	复位	
8	AIN/PB7	输入/输出端	

续表

脚号	引脚符号	引脚功能	备注
9	AIN/PB6	输入/输出端	
10	AIN/PB5	输入/输出端	
11	PB4/AIN	输入/输出端	
12	PB3/AIN	输入/输出端	
13	PB2/AIN	输入/输出端	
14	PB1/AIN	输入/输出端	ST6220B6 为 8 位 HC-MOS 微处理器与 A/D 转换器,其封装及内部结构如图 1-27 所示
15	PB0/AIN	输入/输出端	
16	PA3	输入/输出端	
17	PA2	输入/输出端	
18	PA1	输入/输出端	
19	PA0	输入/输出端	
20	V_{SS}	地	

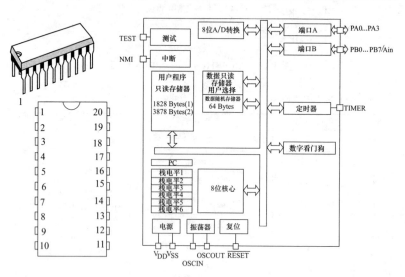

图 1-27　ST6220B6 封装及内部结构

（六）TA75339P

脚号	引脚符号	引脚功能	备　　注
1	OUT2	输出	
2	OUT1	输出	
3	V$_{CC}$	电源	
4	IN(−)1	输入(−)	
5	IN(+)1	输入(+)	该集成电路为四电压比较器,采用 DIP14 脚封装,单电源电压范围为 2~36V、双电源为±1~18V、输出吸收电流为 16mA,允许功耗为 625mW、静态电流为 0.8mA。参考兼容型号: LM339N、LM339A、LM2901N、uA339P、uPC1777C、uPC339C、HA17901P、LA6339、NJM2901、KIA339P、BGJ3302 图 1-28 所示为其内部框图
6	IN(−)2	输入(−)	
7	IN(+)2	输入(+)	
8	IN(−)3	输入(−)	
9	IN(+)3	输入(+)	
10	IN(−)4	输入(−)	
11	IN(+)4	输入(+)	
12	GND	地	
13	OUT4	输出	
14	OUT3	输出	

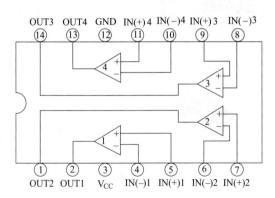

图 1-28　TA75339P 内部框图

（七）ULN2002、ULN2003、ULN2004

脚号	引脚符号	引脚功能	备注
1	INPUT1	输入端	
2	INPUT2	输入端	
3	INPUT3	输入端	
4	INPUT4	输入端	ULN2003 为多路反相驱动集成电路，是高耐压、大电流达林顿陈列，由 7 个硅 NPN 达林顿管组成，每一对达林顿都串联一个 2.7kΩ 的基极电阻，在 5V 的工作电压下它能与 TTL 和 CMOS 电路直接相连，可以直接处理原先需要标准逻辑缓冲器来处理的数据。ULN2003 可用 MC1413 代用。ULN2002、ULN2003、ULN2004 均采用 DIP16 或 SO16 塑料封装，其封装与内部结构如图 1-29 所示
5	INPUT5	输入端	
6	INPUT6	输入端	
7	INPUT7	输入端	
8	GND	地	
9	COMMON	公共端	
10	OUT7	输出端	
11	OUT6	输出端	
12	OUT5	输出端	
13	OUT4	输出端	
14	OUT3	输出端	
15	OUT2	输出端	
16	OUT1	输出端	

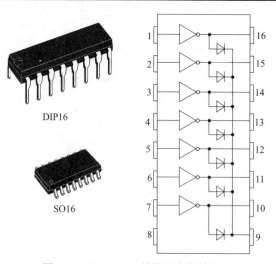

DIP16

SO16

图 1-29　ULN2003 封装及内部结构

三、空调器单元电路简介

(一) 空调器基本单元电路

空调电路主要由空调电气电路和空调电子电路构成，又可分为室内机电路和室外机电路。室内与室外电路之间一般由电源线和信号线组成，如图 1-30 所示。

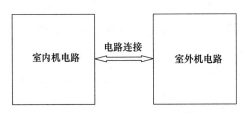

图 1-30　空调室外与室内连接框图

1. 室内机电路

空调室内机电路构成如图 1-31 所示。

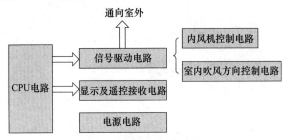

图 1-31　空调室内机电路构成

(1) CPU 电路。CPU 电路是空调控制系统的核心部件，主要完成空调的检测和控制功能。

(2) 信号驱动电路。信号驱动电路是将 CPU 的控制信号进行放大处理，使控制空调相关功能电路工作。

(3) 内风机控制电路。内风机控制电路的主要作用是使室内风机正常运转，主要由内风机的驱动电路和相关调速控制电路组成。

(4) 室内吹风方向控制电路。挂式空调室内吹风方向控制电路称摆风控制电路，由直流电动机带动摆风页片上下摆动；而柜机的室内吹风控制电路称扫风控制电路，由交流同步电动机带动扫风叶片左右摆动而控制吹风方向。

（5）显示及遥控接收电路。显示及遥控接收电路的作用就是控制接收电路显示空调的工作状态。

（6）电源电路。电源电路的作用就是为空调提供强电和弱电。

2. 室外机电路

室外机电路主要包括压缩机电路、外风机电路、四通阀电路及其他功能电路，如图 1-32 所示。

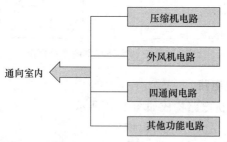

图 1-32　室外机相关电路

3. 室外机及室内机相关电路

室外机及室内机相关电路如图 1-33 所示。

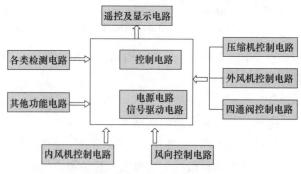

图 1-33　室外机及室内机相关电路

（二）海信 KFRD-26GW/U1-1 型空调相关电路

1. 电源电路

（1）首先由交流电源 220V 通过电源变压器 X107 降压输出 AC 12V 电压。

（2）AC 12V 电压经过二极管 V108、V109、V110、V111 整流后由电解电容 C116 滤波得到 DC 12V。

（3）再经 R121 降压，C118、C119 滤波后到 7805 稳压，及 C120、C121 滤波即得到稳定的 5V 直流电压，如图 1-34 所示。

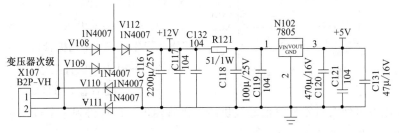

图 1-34 空调电源电路图

2. 上电复位电路

（1）5V 电源电压通过三极管 V100 输入即可产生一个触发芯

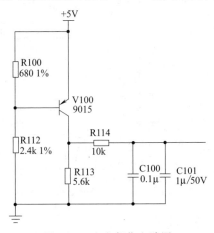

图 1-35 上电复位电路图

片的复位脚。

（2）电解电容 C101 调节复位延长时间，如图 1-35 所示。

3. 陶振电路

陶振电路的第①脚和第②脚接入主芯片的第③脚和第④脚，且第②脚接地，提供 8MHz 的时钟频率，如图 1-36 所示。

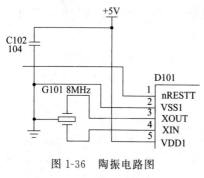

图 1-36　陶振电路图

4. 过零检测电路

（1）首先由电源变压器 X107 输出 AC 12V 电压。

（2）AC 12V 电压经过 V108、V109、V110、V111 二极管桥式整流后输出一个脉冲的直流电。

（3）整流后输出的脉冲直流电可作为过零检测信号提供给三极管输出，即可得到一个过零触发信号，如图 1-37 所示。

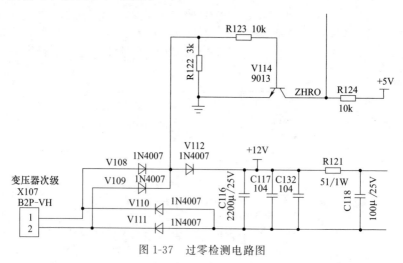

图 1-37　过零检测电路图

5. 室内风机控制电路

室内风机控制电路如图 1-38 所示，该电路通过交流检测电路

风机驱动延时输出一脉冲，而延时的长短即可控制室内风机的
风速。

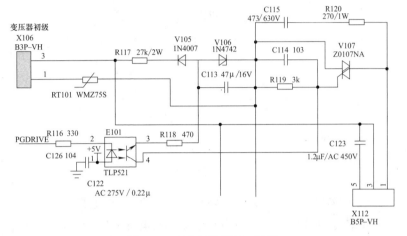

图 1-38 室内风机控制电路图

6. 温度传感器电路

温度传感器电路首先由温度传感器经 R105、R106 和 R107 分
压取样，提供随温度变化的电平值作芯片检测所用，如图 1-39
所示。

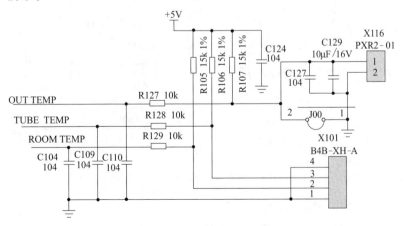

图 1-39 温度传感器电路图

7. 风摆驱动电路

风摆驱动电路主要采用 ULN2003 来驱动，如图 1-40 所示。

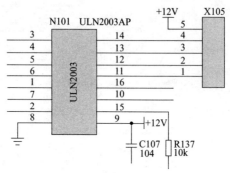

图 1-40　风摆驱动电路图

8. 压缩机、四通阀、室外风扇、PTC 驱动电路

压缩机、四通阀、室外风扇及 PTC 驱动电路如图 1-41 所示，该电路都采用三极管来驱动相应的负载继电器从而达到控制上述负载的动作。

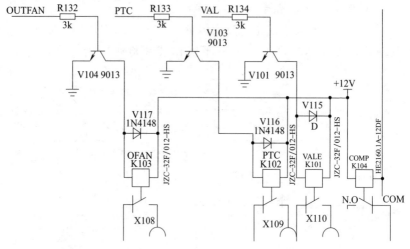

图 1-41　压缩机、四通阀、室外风扇、PTC 驱动电路图

9. 蜂鸣器驱动电路

蜂鸣器驱动电路采用两个端口控制以达到美音效果，如图1-42所示。

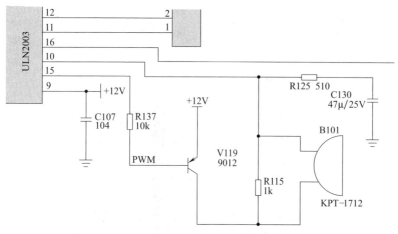

图 1-42 蜂鸣器驱动电路图

10. 室内机显示单元电路

室内机显示单元电路的控制数码管和发光二极管的点亮和熄灭都由主芯片直接驱动，如图 1-43 所示。

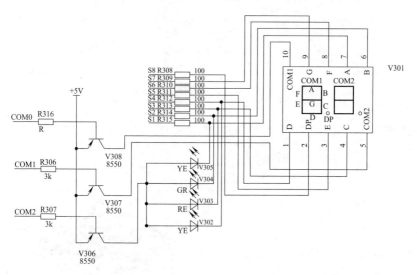

图 1-43 室内机显示单元电路图

课堂四 实物识图

一、常用元器件及封装

CMPAK-4(SMD)封装	
D²-PAK(TO-263)封装	
DIP-8 封装	
DO-204AH 封装	
FLAT PACK 封装	
FO-229 封装	
HSOP 封装	
I²-PAK(TO-262)封装	
LQFP 封装	

续表

SC70-6 封装	
SO-8 封装	
SOD-123 封装	
SOT-23 封装	
SOT666 封装	
SUPER SOT-6 封装	
TO-220 封装	
TO-225AA 封装	
TO-247AC 封装	
TO-92 封装	

二、常用电路板实物简介

(一) LG 定频空调

LG 定频空调电路板如图 1-44 所示。

图 1-44　LG 定频空调电路板

以 LG-LP-U5032DT 分体式落地单冷型定频空调为例，其室内机相关电路如图 1-45 所示。

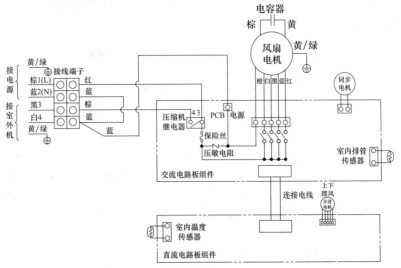

图 1-45　LG-LP-U5032DT 空调室内机相关电路接线图

（二）格力定频空调

格力定频空调电路板如图 1-46 所示。

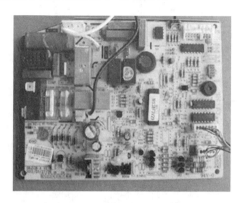

图 1-46 格力定频空调电路板

以格力 46-72 单相定频柜机为例，其室内机相关电路如图 1-47 所示。

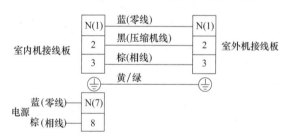

图 1-47 格力 46-72 单相定频空调室内机相关电路接线图

（三）海尔定频空调

海尔定频空调电路板如图
1-48 所示。

其电路相关接线如图 1-49
所示。

（四）长虹定频空调

长虹定频空调电路板如图

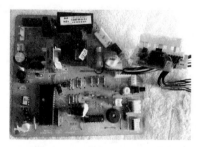

图 1-48 海尔定频空调电路板

1-50 所示。

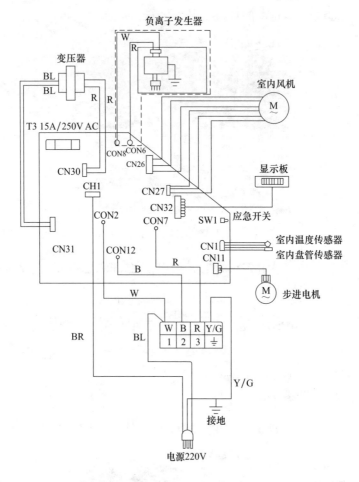

图 1-49　海尔定频空调电路相关接线图

以长虹 KFR-35GW 冷暖型定频空调为例，其相关接线如图 1-51所示。

（五）海信定频空调

海信定频空调电路板如图 1-52 所示。

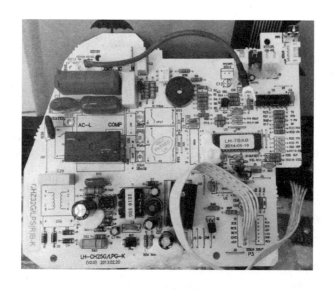

图 1-50　长虹定频空调电路板

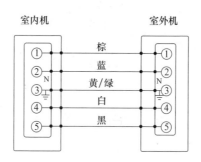

图 1-51　长虹冷暖型定频空调接线图

以海信 KF-50GW/19-2 型分体式空调为例，其相关接线如图 1-53 所示。

图 1-52 海信定频空调电路板

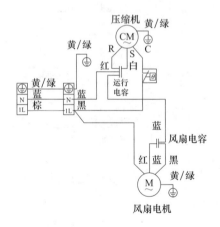

图 1-53 海信定频空调相关接线图

（六）美的定频空调

美的定频空调电路板如图 1-54 所示。

图 1-54　美的定频空调电路板

以美的 KFR-36（43）GW／Y 型空调为例，其相关接线如图
1-55所示。

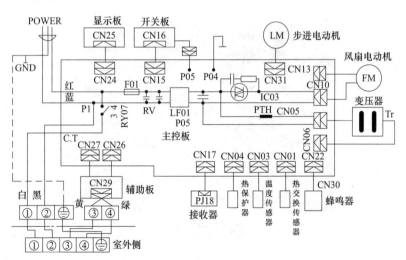

图 1-55　美的定频空调相关接线图

（七）格兰仕定频空调

格兰仕定频空调通用电路板如图 1-56 所示。

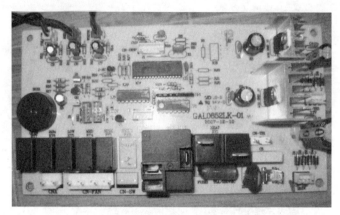

图 1-56　格兰仕定频空调通用电路板

(八) 松下定频空调

松下定频空调通用电路板如图 1-57 所示。

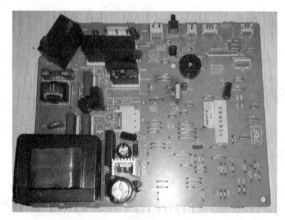

图 1-57　松下定频空调通用电路板

Chapter 02

第二讲

维修职业化课前准备

课堂一 场地选用

一、维修工作台及场地的选用

（1）进行维修时，在有制冷剂气体泄漏的情况下，维修场地应保持通风。

（2）在阴暗潮湿地方维修时，应接地，以免触电。

（3）使用气焊机时，应选择通风良好的场地，否则会导致缺氧。

（4）移机时应确保新的安装场地有足够的支撑力，能够承受设备的重量。

（5）不要在可能有燃气泄漏的地方安装设备。

（6）维修工作台及场地应保证工作环境干净、整洁，远离火源。

（7）制冷剂应存放在环境温度低于 25℃的地方。

（8）维修工作台必须光线良好，不能倾斜。

（9）根据安装地点，在需要时安装漏电保护器。

二、维修注意事项

（1）手上沾有水时请不要用湿手直接维修电器部件，以免引起触电。

（2）清洁空调机时不能用喷水形式，用水清洗会引起触电。

（3）在维修或清洗时应切断电源并拔下电源插头。

（4）启动或停止空调机时不要使用插入或拔出电源插头的方法进行，避免引起触电或火灾。

（5）安装空调器时务必使用标准的安装架正确安装设备。

（6）维修时，务必使用特定的电缆线连接室内机和室外机，且保持良好的接地。

（7）制冷系统只能用制定的制冷剂，不能让其他气体进入制冷系统。

（8）压缩机运转时只能打开和关闭低压阀，不要打开压力表高压阀。

（9）打开管路时应更换，装配前在"O"形圈上涂冷冻油后按要求力矩连接。

（10）在排放系统中过多的制冷剂时，切勿排放过快。

（11）维修过程中应保持电源电路容量充足及正确的电气作业。

（12）维修后须测量绝缘电阻，确保其阻值为 $1M\Omega$ 或更大。

（13）更换压缩机时需先对原系统进行清洗，以防管路污染。

（14）维修结束时应检漏，防止制冷剂泄漏。

课堂二 工具检测

一、空调器专用工具的选用

（一）空调器专用工具的选用

1. 压力表

压力表是氟利昂制冷系统中的常用检测工具，主要检测制冷系统中制冷剂是否充足，常与三通修理阀配套使用，可对制冷系统抽真空、充注制冷剂及测量系统压力等。压力表如图 2-1 所示，蓝色表头与蓝色阀门是低压表区，设计压力一般为 $-1\sim10$bar（1bar=

10^5Pa），红色表头与红色阀门是高压表区，设计压力一般为 1～30bar。检测空调器压力时，用低压表接在粗管的三通阀上，如图 2-2 所示。

图 2-1　压力表

图 2-2　压力表与三通阀的连接

※知识链接※　压力表识读方法如图 2-3 所示。

2. 胀管器

胀管器主要用来在管子布局较密的情况下扩张管子的内径，可避免损坏管口，大多适用于薄壁和管内粗糙的胀管。胀管器如图 2-4 所示。

图 2-3　压力表上的读数

图 2-4　胀管器

3. 割管刀

割管刀主要用来割切铜管，切割铜管时将铜管放到割管刀的两个滚轮间，然后在用力均匀的情况下旋转进刀钮，切断铜管后，须将管口边上的毛刺去掉，以防铜屑进入制冷系统。割管刀如图 2-5 所示。

4. 弯管器

弯管器的作用是改变铜管的形状，使用弯管器时，先将已退火的铜管放进弯管器的轮子槽沟内，用夹管锁紧，然后旋转手柄到所需的角度。弯管器如图 2-6 所示。

图 2-5 割管刀

图 2-6 弯管器

图 2-7 扩口器

5. 扩口器

扩口器的作用是用来扩展喇叭口，扩口时，首先将退火的铜管套上连接螺母，再将铜管放入夹管钳相应的孔径内，当铜管露出夹钳高度为铜管直径的 1/5 时，拧紧夹管钳两端的螺母，然后顺时针缓慢旋转螺杆，直至将管口挤压成喇叭状。扩口器如图 2-7 所示。

※知识链接※ 扩口器有两种规格；一种是英制扩口器，另一种是公制扩口器，不同的喇叭口应采用不同的扩口器进行扩口。图 2-8 所示为两种扩口器。其操作方法如图 2-9 所示。

图 2-8　英制和公制扩口器

图 2-9　扩口器的操作

6. 气焊设备

气焊设备主要由气瓶、连接软管和焊枪三个部分组成，常用于制冷系统，如图 2-10 所示。

7. 钳形表

钳形表是测量交流或直流电压、交流电流、电阻等的测量仪器，是电气故障检修中最常用的工具，如图 2-11 所示。

8. 真空泵

真空泵就是抽真空的气泵，它的种类很多，所能抽到

图 2-10　气焊设备

的真空度也各不相同，在空调的制冷系统抽真空时就需使用到它。真空泵如图 2-12 所示。

图 2-11　钳形表

图 2-12　真空泵

9. 卤素检漏仪

卤素检漏仪主要用来检测制冷系统中的氟利昂是否泄漏，当氟利昂泄漏时，蜂鸣器会发出报警声，如图 2-13 所示。

10. 电烙铁

电烙铁是电器维修的重要工具，它主要用来焊接电子元器件，可分为调温电烙铁和普通电烙铁，如图 2-14 所示。

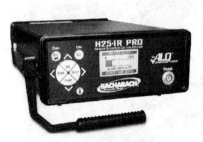

图 2-13　卤素检漏仪

图 2-14　电烙铁

11. 万用表

万用表的主要用途是检测电路中的电压、电阻、电流，以判定电子元器件的好坏。万用表如图 2-15 所示。

(二) 空调器元器件检测训练

1. 压缩机

(1) 首先用扳手将固定端子盖的螺母拆掉。

(2) 再将电气系统接入压缩机电动机的三个端子上 (图 2-16)。

图 2-15 万用表

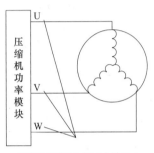

将电气系统接入这三个端子上

图 2-16 电气系统与
压缩机电动机的连接

(3) 然后用钳子夹住压缩机的一个固定脚后通电, 若压缩机正常运转, 则说明压缩机正常。

(4) 若压缩机不运转, 则检查压缩机是否卡缸或电动机绕组是否异常。

(5) 若检测电动机绕组无异常 (图 2-17), 则在不通电的情况下, 抱起压缩机轻磕地面。

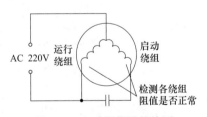

图 2-17 电动机绕组的检测

2. 主控开关

(1) 首先检查主控开关的触点是否良好。

(2) 然后检查主触点的电压是否正常 (图 2-18)。

图 2-18 主触点电压的检查

（3）若主控开关在接通位置，主触点却无电压，则说明主控开关损坏。

3. 电流互感器

（1）首先用万用表 AC50V 挡测量次级升压线圈两端的电压是否正常。

（2）若两端的电压为正常 AC10V，则用 $R \times 1$ 挡或 $R \times 10$ 挡测量升压线圈的电阻值是否正常（图 2-19）。

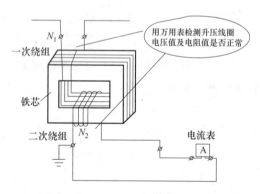

图 2-19 测量升压线圈的电阻值是否正常

（3）升压线圈的电阻值正常时应为 50Ω，主回路阻值应为 0Ω，若阻值不正常，则说明电流互感器损坏。

4. 温度传感器

（1）首先用万用表 $R \times 10k$ 挡测量电阻值是否正常（图 2-20）。

用万用表测量该温度传感器的电阻值是否正常

图 2-20　用万用表 $R \times 10k$ 挡测量电阻值是否正常

（2）在测量电阻值的同时，也可给温度传感器加热，检查其变化规律是否正常。

5. 四通阀

（1）首先检查四通阀的电阻值是否为 $1.2 \sim 1.8k\Omega$（图 2-21）。

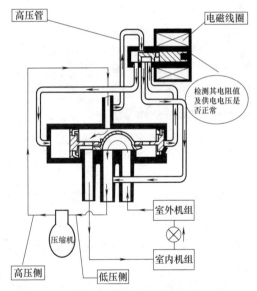

高压管　　　　　　　　　　　电磁线圈

检测其电阻值及供电电压是否正常

室外机组

压缩机

室内机组

高压侧　　　　　低压侧

图 2-21　检查四通阀的电阻值是否为 $1.2 \sim 1.8k\Omega$

（2）再检测四通阀线圈供电电压是否正常。

（3）若四通阀线圈供电电压不正常，则检查室内外机信号连接线是否断路。

(4) 若四通阀线圈电阻值和供电电压正常时，则可检查四通阀是否换向正常。

(5) 若不能换向，则监听四通换向阀线圈在通电时是否有阀芯动作的响声。

(6) 若无响声时，则可用小工具敲击阀芯处。

6. 光耦可控硅

(1) 首先用万用表直流挡测量光耦可控硅的输入端直流电压是否为+5V。

(2) 再用万用表交流挡测量光耦可控硅的电动机供电输出端是否有 AC80～170V 或 AC220V 输出电压。

(3) 然后用万用表 $R \times 100$ 挡或 $R \times 1k$ 挡测量输入端与输出端的电阻值是否正常（图 2-22）。

用万用表检测输入端直流电压是否为+5V及输入端与输出端的电阻值是否正常

图 2-22 测量输入端与输出端的电阻值是否正常

7. 电加热器

(1) 首先用万用表测量其电阻值是否正常。若电阻值为无穷大则断路；若电阻值很小则为短路。

(2) 再检查电热器工作时是否有热风吹出，若无热风吹出，则说明电热丝损坏。

(3) 然后用万用表检查线路板变压器是否有电压输出。

8. 过热保护器

(1) 首先用万用表 $R \times 1$ 挡或 $R \times 10$ 挡测量保护器两端的电阻值是否正常（图 2-23）。

（2）若测得电阻值为零则为正常，否则已损坏。

9. 步进电动机

（1）首先用手拨动风叶片是否灵活转动。

（2）再检查电动机插头与控制板插座是否插好。

测量其两端电阻值是否正常

图 2-23　用万用表 $R\times1$ 挡或 $R\times10$ 挡测量保护器两端的电阻值是否正常

（3）然后将电动机插头插到控制板上测量电动机工作电压及电源线与各相之间电压是否正常（额定电压为 12V 的相电压约为 4.2V；额定电压为 5V 的相电压约为 1.6V）。

（4）若电源电压或相电压有异常，则说明控制电路损坏，应更换控制板。

（5）将电动机插头拔下，用万用表欧姆挡测量每相电线圈的电阻值是否正常（额定电压为 12V 的电动机每相电阻为 $200\sim400\Omega$；额定电压为 5V 的电动机每相电阻为 $70\sim100\Omega$）。

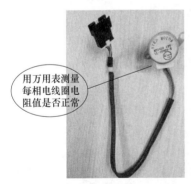

用万用表测量每相电线圈电阻值是否正常

图 2-24　检测步进电动机

（6）若某相电阻值不正常，则说明电动机线圈损坏，如图 2-24所示。

10. 毛细管

毛细管常见故障为堵或漏。检测毛细管时主要检查是否出现脏堵、水堵、油堵等现象，也可从表面上看毛细管部位是否结霜不化。

11. 蒸发器、冷凝器

蒸发器、冷凝器主要检测其系统中是否有异物，是否出现堵及漏的现象，另外可观察铝合金翅片是否积存大量的灰尘或油垢。

12. 气液分离器

气液分离器检测时应检测压缩机排气压力及回气压力是否正常。

13. 遥控器

（1）首先检查液晶显示板是否破裂。

（2）再检测电池电量是否充足。

（3）然后检查电池弹簧接触是否良好。

14. 7805 三端集成稳压器

（1）首先通电检测引脚的第①、②脚输入端的直流电压是否为15V 左右。

（2）再检测第②、③脚输出的直流电压是否为稳定的 5V。

（3）若输入端和输出端的电压不正常，则说明 7805 三端集成稳压器已损坏。

15. 变压器

（1）首先通电检测变压器的次级是否有 12V 电压输出，若无则说明该部件损坏。

（2）然后在无电的情况下检测变压器的初级和次级的阻值是否正常（初级阻值约为几百欧姆，次级阻值约为几欧姆），如图 2-25 所示。

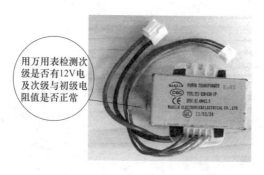

用万用表检测次级是否有12V电及次级与初级电阻值是否正常

图 2-25　检测变压器

16. 继电器

（1）首先检测其线圈第①、②脚的阻值是否为 $150\sim180\Omega$，若阻值为无穷大则说明继电器线圈断路。

（2）再检查继电器表面的两个接点在正常的情况下是否导通，若两接点在未通电的情况下导通，则表示继电器触点粘接，需更换。

（3）然后检查继电器的工作电压是否为 12V。

17. 风机启动电容

（1）首先对电容进行放电。

（2）再用万用表的 $R\times1k$ 挡或 $R\times10k$ 挡正反向测量两引脚间的电阻值是否正常（图 2-26）。

图 2-26　正反向测量两引脚间的电阻值是否正常

（3）根据指针的摆动幅度判定电容充放电的大小。

二、空调器拆装机

（一）空调器拆装机技巧

1. 拆机

（1）拆卸室内机前需回收制冷剂。

（2）拆卸室内机时应防止冷凝水流进线路板。

（3）拆下的高低压铜管头与接口要用胶布封好。

（4）内机连接管线一定要盘大圈，以防铜管出现折痕。

（5）拆室外机应由专业制冷维修工在保证安全的情况下拆卸。

2. 装机

（1）选择合适的安装位置，应注意进、出风口远离障碍物。

（2）安装室内机时要使用水平仪保持安装板为水平状态，如图2-27所示。

（3）安装前应先检查铜管、电源及冷凝水管是否完好。

（4）外机连接管时一定要排空且连接管道一定要包扎完整，如图2-28所示。

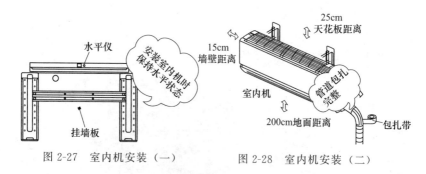

图 2-27　室内机安装（一）　　图 2-28　室内机安装（二）

（5）在布置连接管、排水管及电线时，排水管最好放在最下侧便于排水，电源线与室内外连接线不能相互缠绕。

（6）安装室外机时应确保室外机附近不能有阻碍机组进风、出风的障碍物。

（7）若将室外机放置于楼顶平台时，须增加固定支架，不能将外机直接固定在楼板上。

（8）室外机安装时应保持水平，上部与顶墙距离至少50cm以上，如图2-29所示。

（9）所有安装未完成前不能开电源。

（10）安装后须检查安装是否牢靠、排水是否畅通、电源电压是否与产品铭牌一致、线路及管路是否安装正确、机器是否安全接地。

3. 排空（图2-30）

（1）首先将二通阀和三通阀上的螺帽取下。

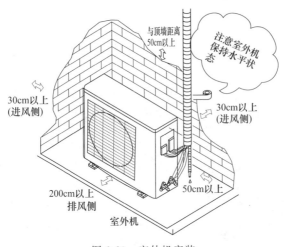

图 2-29　室外机安装

（2）再将二通阀的阀柄逆时针旋转 90°，且保持 10s 左右再关上。

（3）然后用肥皂水检查配管连接部分是否漏气。

（4）若连接部分未漏气，则将二通阀打开再关闭。

（5）当空气排出时，按住三通阀检修口上的销子 3s（图2-31），再放开 1min，打开二通阀再关闭，重复 3 次此类过程则排出空气。

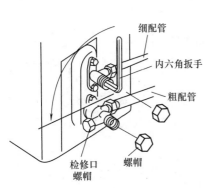

图 2-30　空调排空

图 2-31　按住三通阀
检修口上的销子

（6）最后用内六角扳手将二通阀、三通阀打开，安装上螺帽，即排空结束。

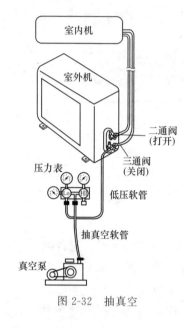

图 2-32　抽真空

4. 抽真空（图 2-32）

（1）取下二通阀和三通阀的螺帽和检修口螺帽，在检修口上接上压力表上的低压软管，此时二通阀和三通阀上的截止阀为关闭状态。

（2）打开压力表上的低压开关启动真空泵。

（3）进行 25min 以上的抽真空，待压力表指示到 -0.1MPa，关闭低压开关再关闭真空泵。

（4）若关闭真空泵后 5min 内压力没有回升，则逆时针打开二通阀的截止阀保持 10s 后关闭进行检漏（若 5min 内压力回升则要重新抽真空）。

（5）若有泄漏则重新连接配管，重复上述操作；若无泄漏，则快速旋下低压软管，打开二通阀和三通阀，再将螺帽旋紧到阀体上。

（二）空调器拆移机、装机实例训练

Ⅰ 装机

1. 室内机安装

（1）确定水平安装位置后打过墙孔，安装壁挂板，如图 2-33 所示。

（2）连接室内机铜管，如图

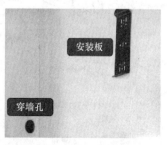

图 2-33　打过墙头孔安装壁挂板

2-34所示。

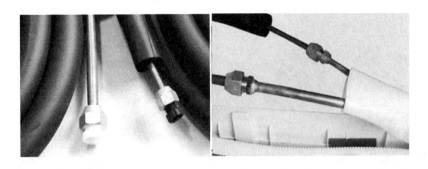

图 2-34　连接室内机铜管

（3）拧紧各管路的螺母，以防泄漏，如图 2-35 所示。

（4）检查排水管的长度及是否有破损，如图 2-36 所示。

（5）连接排水管，如图 2-37所示。

（6）确定出水方位，如图 2-38 所示。

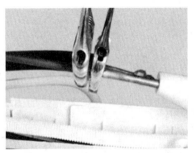

图 2-35　拧紧管路螺母

图 2-36　检查排水管

图 2-37　连接排水管

（7）包扎排水管，如图 2-39 所示。

图 2-38　确定出水方位　　　　图 2-39　包扎排水管

（8）将排水管通过墙孔穿至室外，保证排水管无曲折，如图 2-40 所示。

（9）水平挂装室内机，如图 2-41 所示。

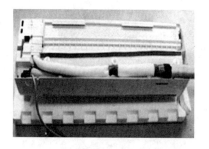

图 2-40　拉排水管至室外　　　　图 2-41　水平挂装室内机

2. 室外机安装

（1）安装室外机支架并固定，如图 2-42 所示。

（2）将室外机放置支架上并固定，如图 2-43 所示。

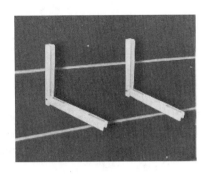

图 2-42 安装室外机支架

图 2-43 固定室外机

（3）连接铜管，将制冷管路分别与室外机的气体截止阀（粗管）和液体截止阀（细管）相连，用力扭紧连接管螺母，如图 2-44、图 2-45 所示。

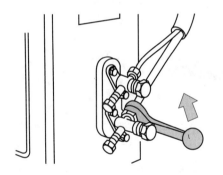

图 2-44 连接铜管（一）

图 2-45 连接铜管（二）

（4）连接电源线，将室内机与室外机线路相连，如图 2-46 所示。

（5）将连接线分别接到与接线盒对应的接口上并用螺钉固定，如图 2-47 所示。

（6）检查线缆连接无误后，用压线板将连接线缆压紧固定，如图 2-48 所示。

图 2-46　连接电源线

图 2-47　紧固连接线

（7）用螺钉固定好接线盒保护盖，如图 2-49 所示。

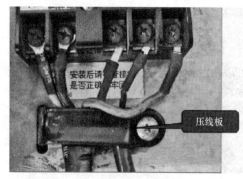

图 2-48　用压线板固定连接线

图 2-49　固定保护盖

（8）布管，将管路整理成横平竖直，可将多余的管路包扎连接管上放置在室外机后面，如图 2-50、图 2-51 所示。

3. 抽真空

（1）拧开粗管接口的螺帽，如图 2-52 所示。

（2）在三通阀粗管修理口接上压力表连接真空泵，如图 2-53、图 2-54 所示。

（3）打开真空泵再打开压力表阀门，开始抽真空，如图 2-55 所示。

图 2-50　室内机布管

图 2-51　室外机布管

图 2-52　拧开粗管螺帽

图 2-53　接压力表

图 2-54　连接真空泵

（4）关闭压力表阀门，再关闭真空泵并观察压力表是否回升，如图 2-56 所示。

（5）检漏，打开液压管阀后 10s 后关闭，用检漏枪或肥皂水对连接头进行检漏，若有气泡出现，则存在漏点，如图 2-57、图 2-58 所示。

图 2-55　抽真空

图 2-56　观察压力表

图 2-57　检漏（一）

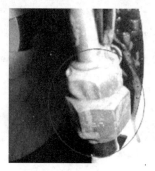

图 2-58　检漏（二）

（6）加氟。空调检漏后，若开机 5min，若粗管阀门发干，用手摸没有明显的凉感，或细管阀门结霜，说明系统缺氟，导致管道内部压力下降，还需要增加制冷剂。加氟的管道连接方法如图2-59 所示。

将制冷剂空调加氟（F22）后，因季节不同，其加氟后的运行压力也是不同的，加氟后的压力是指加氟后，压缩机运行 5min 后的低压压力表上的压力（注意是指低压压力），也就是粗管压力。

一般情况下，夏天加氟后的运行压力约为0.45MPa（高压压力可达到1.62MPa，即常说的16个压），冬天加氟后的运行压力约为0.6MPa（高压压力可达到2.16MPa，即常说的22个压）。正常值为

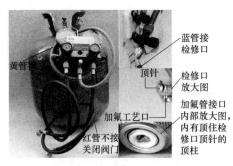

图2-59　加氟的管道连接方法

0.5MPa，也就是修理师傅常说的5公斤压力或5个压（$1kg/cm^2$ = 0.098MPa = 0.98bar，即正常运行压力为 0.5/0.098 = 5.1kg/cm^2）。维修二手空调时，因器件老化，空调制冷效果往往不够理想，部分修理工为了达到较好的制冷效果，有时将加氟的制冷压力弄得过高，这是不可取的，会影响压缩机的使用寿命，甚至会烧压缩机。

以上加氟压力是指F22的加氟压力，对于采用R410A的空调器（一般用在变频空调中，定频空调用得很少），其低压压力则可达到8～10bar，也就是常说的可达到8～10个压。

※知识链接※　新机安装之前，其制冷剂均已收在室外机的压缩机和冷凝器内（跟旧机移机的状态相同，相当于从空调制造厂家移机到客户的家里）。抽真空管道连接好后，开启真空泵，同时将粗管的截止阀打开（用内六角扳手逆时针旋转90°），待抽完真空后，旋上修理阀的阀帽。检漏完成后，旋上粗管截止阀的阀帽，再旋开细管截止阀的阀帽，将细管的截止阀打开（逆时针旋转90°，老式定频空调截止阀有的采用碟形阀，如春兰空调。旋开管帽时，里面能拉出一小铁片，旋转铁片，当铁片的指向与管子平行时是开，垂直时则是关），加电开机即可。

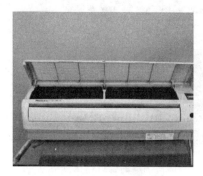

图 2-60　取面板组

Ⅱ拆机

1. 室内机拆卸

（1）切断电源，打开面板组，推出面板左侧和罩壳相连的卡爪，取下面板组，如图2-60所示。

（2）取下导风板，如图2-61所示。

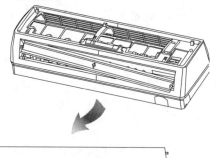

图 2-61　取导风板

※知识链接※　导风板中间有卡孔，拆导风板之前先将中间的卡销从卡孔中拔出，如图 2-62 所示。

图 2-62　从卡孔中拔出卡销

（3）取下罩壳上的两个螺钉盖，如图 2-63 所示。

※**知识链接**※　螺钉上面如用塑料盖盖住，则拆螺钉之前应先拆下塑料盖，如图 2-64 所示。

图 2-63　取罩壳螺钉　　　　　　　　图 2-64　拆下塑料盖

（4）取下固定罩与接水盘的螺钉，如图 2-65 所示。

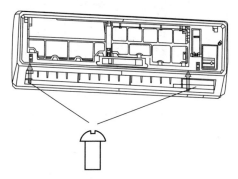

图 2-65　取下固定罩与接水盘的螺钉

（5）取下两个过滤网，如图 2-66 所示。

（6）退出连接罩壳和骨架的卡扣，如图 2-67 所示。

（7）取下罩壳，如图 2-68、图 2-69 所示。

（8）取下固定蒸发器的螺钉，如图 2-70 所示。

（9）取下步进电动机螺钉，如图 2-71 所示。

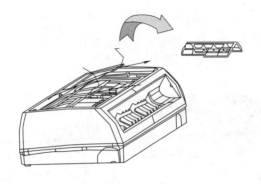

图 2-66　取过滤网

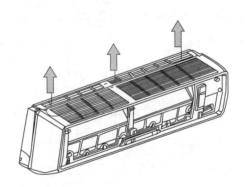

图 2-67　取连接罩壳和骨架的卡扣

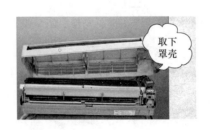

图 2-68　取下罩壳

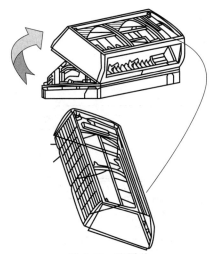

图 2-69 取罩盖

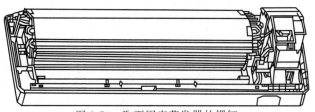

图 2-70 取下固定蒸发器的螺钉

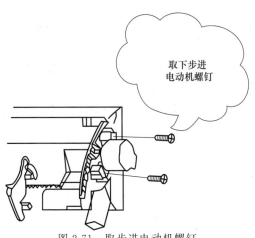

取下步进
电动机螺钉

图 2-71 取步进电动机螺钉

（10）取下两组摆叶，如图 2-72 所示。

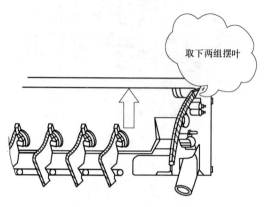

图 2-72　取下两组摆叶

（11）将固定电器箱体的螺钉卸下，取下电器箱体，如图 2-73 所示。

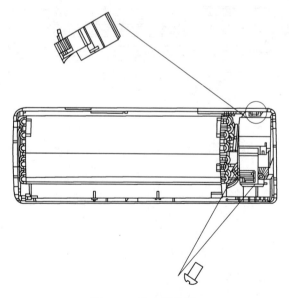

图 2-73　取电器箱体

（12）拆卸遥控接收电路和指示灯电路，将指示灯电路和控制电路的引线插头拔下，如图 2-74、图 2-75 所示。

图 2-74　指示灯电路插头　　　　　图 2-75　拔下连接引线插头

（13）取电路板，将风扇电动机的引线插头拔除，如图 2-76 所示。

图 2-76　拔除风扇电动机引线插头

（14）取蒸发器，将骨架后部固定蒸发器的管夹从骨架中退出，如图 2-77 所示。

（15）取下贯流风扇和电动机的螺钉，卸下电动机，如图 2-78 所示。

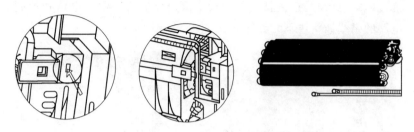

图 2-77　取蒸发器

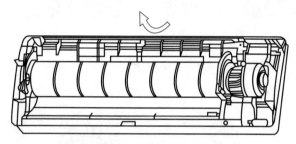

图 2-78　拆卸电动机

（16）取下贯流风扇，如图 2-79 所示。

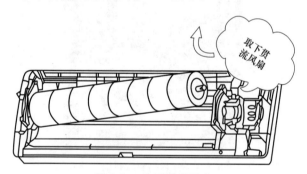

图 2-79　取下贯流风扇

2. 室外机拆卸

（1）卸下顶盖上的两个固定螺钉，如图 2-80 所示。

（2）松开背部两个卡扣，如图 2-81 所示。

（3）拆卸室外机上盖，如图 2-82 所示。

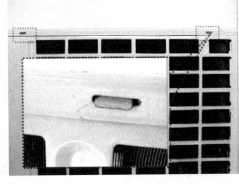

图 2-80　卸下顶盖螺钉　　　　　　　图 2-81　松开卡扣

（4）卸下右侧接线板处的螺钉，如图 2-83 所示。

图 2-82　拆卸上盖　　　　　　图 2-83　拆卸右侧接线板处的螺钉

（5）取下室外机的外框架，如图 2-84、图 2-85 所示。

图 2-84　取下室外机外框架（一）

（6）拆卸室外机电路部分，将接地线的固定螺钉取下，如图 2-86 所示。

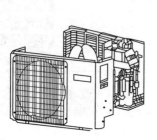

图 2-85　取下室外机外框架（二）

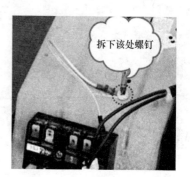

图 2-86　取下接地线固定螺钉

（7）取下接线盒，如图 2-87 所示。

（8）将半环形卡子翻向一边，如图 2-88 所示。

图 2-87　取下接线盒

（9）拔出电动机引线，如图 2-89 所示。

（10）打开固定风扇的法兰螺母取下风扇，如图 2-90 所示。

（11）将固定风扇电动机的螺钉卸下，取下电动机，如图 2-91 所示。

（12）将固定电动机支架的螺钉卸下，取下支架，如图 2-92 所示。

（13）将挡板螺钉卸下，取下挡板，如图 2-93 所示。

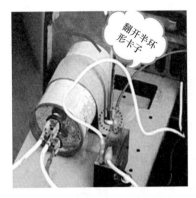

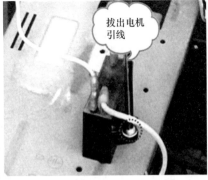

图 2-88 翻开半环形卡子   图 2-89 将电动机引线拔出

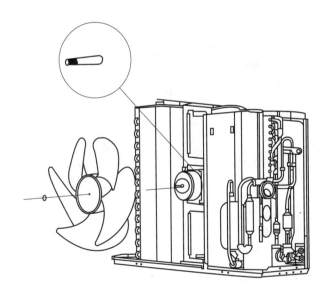

图 2-90 取下风扇

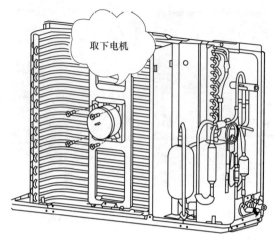

图 2-91　取下电动机

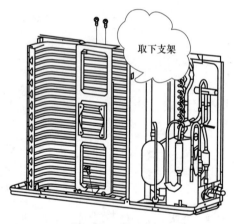

图 2-92　取下支架

（14）将挡板取下，卸下固定支脚的螺钉，卸下后护板和阀座支架，如图 2-94 所示。

（15）取下冷凝器限位板螺钉和固定冷凝器螺钉，如图 2-95 和图 2-96 所示。

（16）卸下冷凝器，如图 2-97 所示。

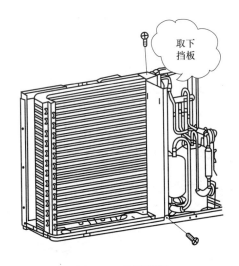

图 2-93　取下挡板

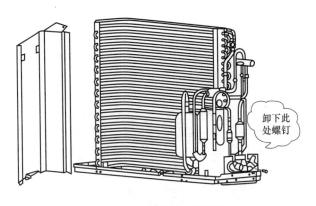

图 2-94　卸下固定支脚螺钉

3. 柜机拆卸

（1）拆卸下面板，将中面板掀开，拧开下面板螺钉，如图2-98所示。

（2）拆卸上面板，将机顶上部的螺钉拧开，在打开上面板前要把显示盒的数据线接口对拆开，如图 2-99、图 2-100 所示。

图 2-95　取下冷凝器限位板螺钉

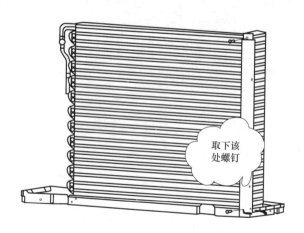

图 2-96　取下固定冷凝器螺钉

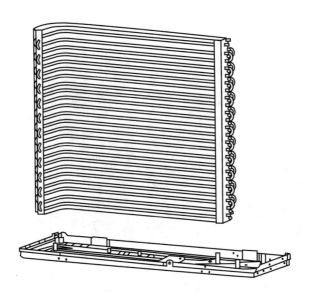

图 2-97　卸下冷凝器

图 2-98　掀开中面板

图 2-99　拧开机顶上部螺钉

图 2-100　对拆显示盒数据线

（3）拆卸左右侧板，如图 2-101、图 2-102 所示。

图 2-101　拆卸左右面板（一）

图 2-102　拆卸左右面板（二）

（4）拆卸电控盒盖，将固定电控盒的螺钉拧下，如图 2-103、图 2-104 所示。

图 2-103　拧下电控盒螺钉

图 2-104　拆卸电控盒盖

（5）拆卸压线槽，先掀开压线槽下部再掀开上部，如图 2-105 所示。

图 2-105　拆卸压线槽

（6）拆卸下风机，将固定风机螺钉拧开，取下风机，如图 2-106所示。

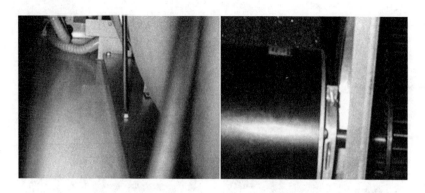

图 2-106　拆卸风机

（7）拆翻板机构，先掀开中面板，拧下翻板机构螺钉，再拉出，如图 2-107 所示。

图 2-107　拆翻板

（8）拆卸上风机电动机和风轮，将固定上风机电动机的螺钉拧下，拆下风轮，如图 2-108 所示。

（9）拆显示盒，如图 2-109 所示。

图 2-108 拆上风机电动机和风轮

图 2-109 拆显示盒

※知识链接※ 空调移机之前均先要收氟，方法是将空调进入制冷状态开始运行，待正式进入制冷状态后，关闭（用内六角扳顺时针旋转90°）高压管（细管）路截止阀，制冷正常进行3～5min，就可以关闭（用内六角扳顺时针旋转90°）低压管路（粗管）的截止阀（开机制冷太长，压缩机就保护了），目的就是将室内机里面的氟利昂全部回收到室外机的压缩机和冷凝器中，如图2-110所示。若是冬天，则空调进不了制冷状态，此时可拔掉电磁阀线，让电磁阀自动处于制冷的通断状态即可。

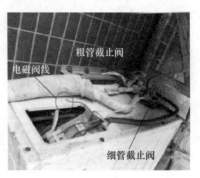

图 2-110　移机收氟操作示意图

Chapter 03

第三讲 ——》

维修职业化课内训练

课堂一 维修方法

一、通用检修方法

（一）检修定频空调的常用方法

1. 摸

判断制冷效果的好坏时，可待压缩机正常运行半个小时左右，摸压缩机、蒸发器、冷凝器、低压回气管、高压排气管、干燥过滤器及出风口等部位的温度是否正常。

（1）压缩机正常温度为 90～100℃。

（2）蒸发器正常温度为 15℃左右。

（3）冷凝器正常温度为 80℃左右，冷凝管壁温度为 45～55℃。

（4）低压回气管表面温度正常时吸气管冷、排气管热。

（5）高压排气管表面正常温度应比较热，夏天时还烫手。

（6）干燥过滤器表面正常温度应比环境温度高。

（7）出风口出风时用手感觉应有些凉意，长时间应感觉到冷。

2. 看

（1）检查空调器外观有无损坏，各个元器件工作是否正常。

（2）检查各元器件有无松脱。

（3）观察制冷系统各管路有无松动或断裂，各焊接处是否存在假焊。

图 3-1　检查过滤网是否太脏

（4）观看离心风叶和轴流风叶的跳动是否过大。

（5）观察电动机和压缩机有无明显振动。

（6）观察毛细管低夺部分结霜是否正常。

（7）观察空调运转时出风是否正常，过滤网是否太脏（图 3-1）或有无通风。

3. 听

（1）听压缩机运转时是否存在"嗡嗡"、"嘶嘶"、"嗒嗒"、"当当"等不良声音。

（2）听风机是否存在缺油的"兹兹"尖叫声。

（3）听压缩机底角螺栓是否有松动或震动的声音。

（4）听毛细管是否有碰外壳的声音。

4. 查

（1）用钳形表检测电流（如图 3-2 所示测量室外机总电流）、电压、电阻是否都在正常值范围内。

（2）用歧管表检查高、低压力值是否正常。

图 3-2　用钳形表检测电流

（二）检修定频空调的常见技能

（1）首先分析故障原因，一类为人为损坏；另一类为机器本身故障。

（2）在排除人为原因后，则检查机器本身故障，机器本身故障可分为制冷系故障和电气系统故障。电气系统重点检查室内机主板（图 3-3）。

（3）一般应先排除电气系统故障，比如检查开关电源是否通电、电动机绕组是否正常等。

（4）等排除电气系统故障后则检查制冷系统，比如检查压缩机、蒸发器、毛细管、风机等是否良好。

（三）检修定频空调的常见步骤

（1）首先询问机组的使用情况及不良现象。

（2）再观察机组的运行情况，找出异常，列出造成异常的各种可能。

图 3-3　检查室内机主板

（3）然后用排除法将有可能的故障一一排除，比如用户的使用方法是否正确、安装是否存在缺陷、机组结构是否有异常、电源部分是否有故障、制冷系统是否有损坏等。

（4）检测各个温度点是否正常，比如吸气温度、压缩机机体温度、毛细管前后端温度、热力膨胀阀前后端温度、过滤器两端温度等。

（5）若是压缩机无法运行，则查找导致压缩机损坏的各种可能，如系统缺氟、气液分离器焊反，风外机落差过大，所用配管较小或较长等原因。

二、专用检修方法

（一）检修定频空调的专用方法

（1）用万用表检查电源电压是否正常，比如检查市电电压、电源线、开关等线路是否接触良好，若电压高或不稳定则调整处理或加装稳压器。

（2）用万用表或钳形表检测压缩机绕组是否短路、断路、抱轴

图 3-4 用万用表检查室内机基板

或绝缘不良，若压缩机损坏则更换。

（3）用万用表检查室内机基板是否损坏，如图 3-4 所示。若损坏，则更换室内机基板。

（4）用万用表检测室内机交、直流电源电路的连接线和器件是否损坏，比如检测连接线压线是否牢固、滤波电容整流桥硅是否正常，若有元器件或连接线不良则修复或更换。

（5）用压力表检测制冷系统填充量是否过多，若系统制冷剂过多，则重新定量填充。

（6）仔细观察室内机和室外机连接管安装是否正常，比如检查连接管弯管处的角度是否过小或弯曲，若有弯曲等现象则重新修复。

（二）定频空调器故障原因分析

造成定频空调故障的主要原因可分为人为故障或外部原因及机器本身故障。

1. 人为故障或外部原因

（1）电源故障，比如电源电压不能太低、保险丝容量过小或电源插座接触不良、空调器房间家用电器不能过多、电源线截面积不能过小、供电部分临时停电或跳闸等。

（2）安装及使用故障，比如空调器前后被障碍物挡住、房间内温度过高或过低、空调器房间门窗未关好或人进出频繁、室内有使用发热器具、空调器房间面积过大。

2. 机器本身原因

（1）制冷系统故障，比如漏氟、管路堵塞、冷凝器散热器不良、压缩机启动电磁和电磁阀不良（图 3-5）等。

（2）电源故障，比如电动机是否异常、继电器是否接触不良、功率模块是否击穿等。

（3）机件老化缺油，比如风扇电动机缺油，引起风扇电动机不转或转速过小等。出现此种故障则可拆开室内机外壳，用加油壶给室内机的风扇轴承加润滑油（图3-6）。

图 3-5　压缩机启动
电容和电磁阀不良

图 3-6　用加油壶给室内
机的风扇轴承加润滑油

课堂二 检修实训

一、不工作检修技巧实训

（一）定频空调不工作检修方法

（1）测量电源电压、主控开关主触点、三相电源、电源保险丝是否正常。

（2）检查温度控制器上的拨钮是否拨到适当位置。

（3）检查冷凝压力是否过高。

（4）检查制冷剂是否不足。

（5）检查压缩机及风扇电动机是否过载。

（二）定频空调不工作检修实例

1. 海尔 KFRD-120LW/Z 型空调室内机不工作

（1）首先测量室内机电源电压是否正常。

（2）再检测变压器是否损坏。

（3）然后检查室内风扇是否不良。

实际检修中因变压器损坏，更换变压器后即可排除故障。变压器相关接线如图 3-7 所示。

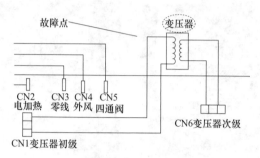

图 3-7　变压器相关接线图

2. 格兰仕 KFR-50GW/D 型空调不工作

（1）首先检查电源电压是否正常。

（2）再检查保险管是否熔断。

（3）其次检查压敏电阻是否短路。

（4）然后检查滤波电容 E1、E2 是否损坏。

实际检修中因 E1 损坏，更换后即可排除故障。E1 相关电路如图 3-8 所示。

3. 美的 KFR-75GW 型空调整机不工作

（1）首先检查电源电压是否正常。

（2）再检查电阻 R1 是否损坏。

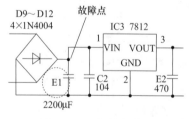

图 3-8　E1 相关电路图

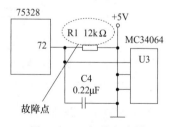

图 3-9　R1 相关电路图

（3）然后检查三端稳压器 7805 直流电压输出是否正常。

实际检修中因电阻 R1 开路，更换即可。R1 相关电路如图 3-9
所示。

二、不制冷检修技巧实训

（一）定频空调不制冷检修方法

（1）测量电源电压是否正常。

（2）检查压缩机是否能运转。

（3）检查制冷剂循环系统是否正常。

（4）检查压缩机启动电容和风机运转电容（图 3-10）是否
损坏。

（5）检查温度传感器（图 3-11）是否损坏。

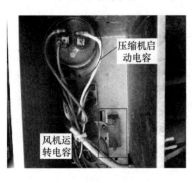 

图 3-10 压缩机启动电　　　　图 3-11 温度传感器
容和风机运转电容

（6）检查室内门窗是否关好。

（二）定频空调不制冷检修实例

1. 格力 KFR-120LW/1253LV 型柜式空调不制冷

（1）测量电源电压是否正常。

（2）检查变压器的输入及输出电压是否正常。

图 3-12　TR2 相
关电路图

（3）检测三端稳压块 7812 是否损坏。

实际检修中因三端稳压块 7812 损坏，更换后即可排除故障。

2. 美的 KFR-25GW 型空调不制冷

（1）检查化霜传感器 TR2 是否不良。

（2）检查温控传感器 TR1 是否损坏。

实际检修中因化霜传感器 TR2 损坏，更换后即可排除故障。TR2 相关电路如图 3-12 所示。

3. 海尔 KFRD-35GW/Z7 型空调室内机不制冷

（1）检测室内机电源电路的电容 C26、C27 是否损坏。

（2）检查 CN6 是否虚焊。

实际检修中因 C27 损坏，更换后即可排除故障。C27 相关电路如图 3-13 所示。

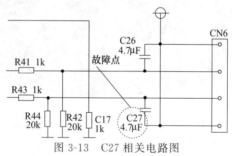

图 3-13　C27 相关电路图

三、自动停机检修实训

（一）定频空调自动停机检修方法

（1）检测电源电压是否过低。

（2）检查制冷剂是否不足。

（3）检查压缩机及风扇电动机是否有异常。

（4）检查室外机管温传感器是否损坏。

（5）检查室内机主控板是否损坏。

（二）定频空调自动停机检修实例

1. 海尔 KF-120LW 型空调启动后即马上停机

（1）检测变压器是否损坏。

（2）检查 IC3（MC1413）是否不良。

实际检修中因 IC3（MC1413）不良，更换后即可排除故障。IC3（MC1413）相关电路如图 3-14 所示。

2. 格力 KF-70LW 型空调自动停机

（1）测量电源电压是否正常。

（2）检测管温传感器阻值是否正常。

实际检修中因管温传感器损坏，更换后即可排除故障。管温传感器如图 3-15 所示。

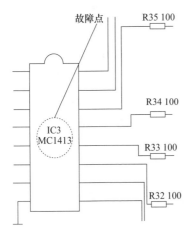

图 3-14　IC3 相关电路图　　　　图 3-15　管温传感器

3. 美的 KFR-73LW 型柜式空调自动停机

（1）检查制冷剂是否太多及系统内是否有空气。

（2）检测室外热交换器散热是否不良。

（3）检测风机电容是否损坏。

实际检修中因风机电容损坏，更换后即可排除故障。风机电容相关实物如图 3-16 所示。

4. 格力 KFR-33G 型空调自动停机

（1）测量电源电压是否正常。

（2）检测步进电动机是否损坏。

（3）检测压缩机是否能正常运转。

（4）检测芯片 U5（TD62003A）是否损坏。

实际检修中因 U5（TD62003A）损坏，更换后即可排除故障。U5（TD62003A）相关电路如图 3-17 所示。

图 3-16　风机电容

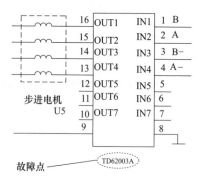

图 3-17　U5（TD62003A）
相关电路图

四、不制热检修实训

（一）定频空调不制热检修方法

（1）检查单向阀是否损坏。

（2）检查毛细管是否堵塞。

（3）检查四通阀是否漏气。

（4）检查过滤网是否太脏或堵塞。

（5）检查系统是否缺氟。

（6）检查压缩机是否老化。

（7）检查辅助电加热管和温控是否损坏（图 3-18）。

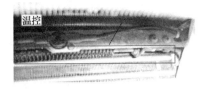

图 3-18　检查辅助电加热管和温控是否损坏

（二）定频空调不制热检修实例

1. 长虹 KFR-48LW 型空调不制热

（1）检测 IC105、IC106 是否正常。

（2）检查四通阀的继电器 RY101、RY103 是否损坏。

实际检修中因 RY103 损坏，更换后即可排除故障。RY103 相关电路如图 3-19 所示。

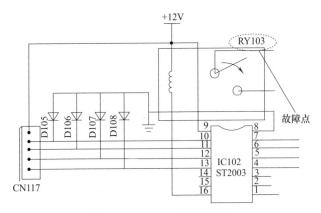

图 3-19　RY103 相关电路图

2. 科龙 KFR-50LW/EFVPN2 型空调不能制热

（1）检测芯片 IC101 是否损坏。

（2）检查辅助加热器是否损坏。

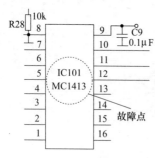

图 3-20   IC101 相关电路图

实际检修中因 IC101 损坏，更换即可。IC101 相关电路如图 3-20 所示。

3. 海尔 KFR-25 型空调不能制热

（1）检查压缩机是否损坏。

（2）检测启动电容是否损坏。

（3）检测 IC3 是否有异常。

实际检修中因 IC3 损坏，更换后即可排除故障。IC3 相关电路如图 3-21所示。

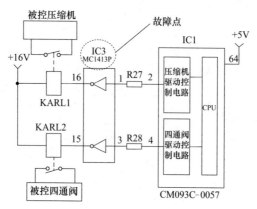

图 3-21   IC3 相关电路图

五、不启动检修实训

（一）定频空调不启动检修方法

（1）检测电源电压是否正常。

（2）检测压缩机、风扇电动机电流是否过大。

（3）检查制冷系统中制冷剂是否不足。

（4）检查温控器是否损坏。

（5）检查遥控器及遥控接收电路是否有异常。

※**知识链接**※ 遥控接收电路一般与指示灯电路在独立的一块板上，维修时，可拆下该板（图 3-22）单独检测和维修，修好后再装上。

图 3-22 拆下遥控板

（二）定频空调不启动检修实例

1. 海尔 KFRD-50LW/U（ZXF）型空调室内、外机开机后都不启动

（1）检测电源电路的变压器 T1 是否损坏。

（2）检查压缩机是否损坏。

实际检修中因变压器 T1 损坏，更换即可排除故障。T1 相关电路如图 3-23 所示。

2. 科龙 KF-23GW×2 型空调室内机不启动

（1）检测室内机电路板上插件 X511 是否损坏。

（2）检测电容 E503、E504 是否不良。

实际检修中因插件 X511 损坏，更换即可排除故障，参考电路如图 3-24 所示。

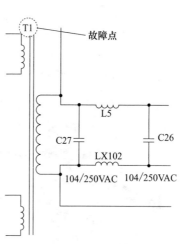

图 3-23 T1 相关电路图

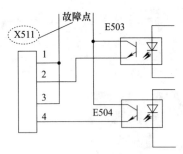

图 3-24　X511 相关电路图

六、制冷效果差检修实训

（一）定频空调制冷效果差检修方法

（1）检查过滤网是否被异物堵塞。

（2）检查门窗是否关好。

（3）检查空调温度是否设置过高。

（4）检查压缩机是否损坏。

（5）检查制冷剂是否不足。

（6）检查毛细管是否堵塞。

（二）定频空调制冷效果差检修实例

1. 格力 KFR-32GW/E 型空调制冷效果差

（1）检查压缩机性能是否下降。

（2）检查四通阀是否串气。

（3）检查毛细管是否堵塞。

实际检修中因毛细管堵塞，更换毛细管后即可排除故障。毛细管如图 3-25 所示。

图 3-25　毛细管

2. 美的 KFR-72LW 型柜机空调制冷效果较差

（1）检查制冷剂是否不足。

（2）检查四通阀是否损坏。

实际检修中因四通阀损坏，更换后即可排除故障。四通阀如图 3-26 所示。

图 3-26　四通阀

七、制热效果差检修实训

（一）定频空调制热效果差检修方法

（1）检查系统是否缺氟。

（2）检查过滤器及通风口是否被异物堵塞。

（3）检查四通阀是否损坏。

（4）检查单向阀及毛细管是否漏气。

（5）检查辅助加热器是否失效。

（6）检查压缩机是否损坏。

（7）检查化霜控制器是否损坏。

（二）定频空调制热效果差检修实例

1. 格力 RFD12（7.5）WAK 型柜式空调制热效果差

（1）检查化霜电路 U1 的 12V 电压输出是否正常。

（2）检测桥堆 U2 是否损坏。

实际检修中因 U2 损坏，更换即可排除故障。U2 相关电路如图 3-27 所示。

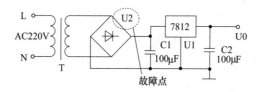

图 3-27　U2 相关电路图

2. 美的 KFR-120LW/K2SDY 型空调制热效果差

（1）检查风扇电动机是否损坏。

（2）检查室内管温传感器是否损坏。

实际检修中因管温传感器损坏，更换后即可排除故障。管温传感器如图 3-28 所示。

图 3-28 管温传感器

八、漏水检修实训

(一) 定频空调漏水检修方法

(1) 检查挂墙板安装是否水平。

(2) 检查排水管长度是否过长。

(3) 检查排水管接头是否松脱。

(4) 检查排水管是否有异物或脏堵。

(5) 检查室内外空气湿度是否较大或室内外温差是否较大。

(6) 检查系统是否缺氟。

(7) 检查室内机连接管接口处保温材料是否包扎不到位。

图 3-29 排水管

(二) 定频空调漏水检修实例

1. 格力 KFR-256W/F 型空调工作时漏水

(1) 检查系统是否缺氟。

(2) 检查排水管是否有异常。

实际检修中因排水管破裂，更换排水管后即可排除故障。排水管如图 3-29 所示。

2. 美的 KFR-32GW/Y-T4 型空调漏水

（1）检查排水管长度是否过长。

（2）检查排水管接头是否松脱。

（3）检查系统是否缺氟。

实际检修中因系统缺氟，导致液管内的压力下降，沸点降低，液管阀门结霜，室内机管道接头处结露形成水流，加氟后即可排除故障。加氟后试机，室外机检修阀处的管道处有冰感即可。因缺氟结霜处提前到室内机的管道接头处形成水流，则会出现漏水故障。

> ※**知识链接**※　空调室外机任何一个阀门大量结霜均属不正常现象（图 3-30）。细管阀门结霜，说明系统缺氟；粗管阀门结霜，也说明系统略微缺氟或环境温度过低；两个阀门均结霜，说明系统管道存在二次节流现象。

图 3-30　两个阀门结霜

Chapter 04

第四讲 ——≫

维修职业化训练课后练习

课堂一 LG 空调器维修实例

一、机型现象：LPNW6011NDR 型室内机不工作

修前准备：此类故障应用电压检测法进行检修，检修时重点检测室内电动机。

检修要点：检修时具体检测室内电源电压是否正常、室内电动机是否损坏、稳压二极管是否损坏、步进电动机是否损坏。

资料参考：实际检修中因稳压二极管损坏，更换后即可排除故障。稳压二极管相关接线如图 4-1 所示。

二、机型现象：LP-P7812DDT/V 型空调不制冷

修前准备：此类故障应用电阻检测法进行检修，检修时重点检测压缩机。

检修要点：检修时具体检测压缩机线圈绕组阻值是否正常。

资料参考：实际检修中因压缩机损坏，更换后即可排除故障。压缩机相关接线如图 4-2 所示。

三、机型现象：LP-P7812DDT/V 型空调室内风机不转

修前准备：此类故障应用电压检测法进行检修，检修时重点检测风扇电动机。

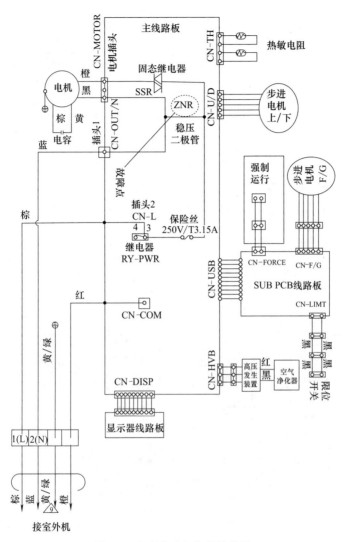

图 4-1 室内电动机相关接线图

检修要点：检修时具体检测电源电压是否正常、风扇电动机是否损坏、电容器是否损坏。

资料参考：实际检修中因风扇电动机损坏，更换后即可排除故

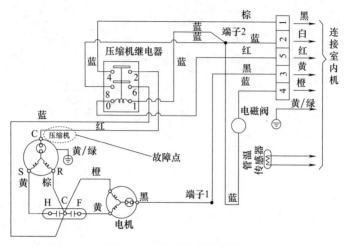

图 4-2　压缩机相关接线图

障。风扇电动机相关接线如图 4-3 所示。

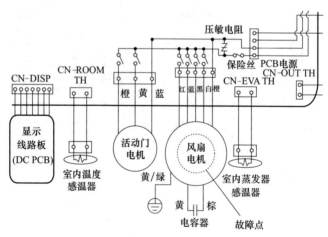

图 4-3　风扇电动机相关接线图

四、机型现象：LP-U5032DT 型空调不制冷

修前准备：此类故障应用电阻检测法进行检修，检修时重点检

测室内温度传感器。

检修要点：检修时具体检测室内温度传感器阻值是否漂移。

资料参考：实际检修中因温度传感器损坏，更换后即可排除故障。室内温度传感器相关接线如图 4-4 所示。

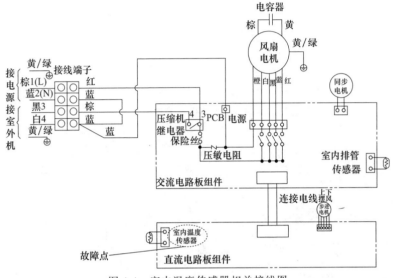

图 4-4 室内温度传感器相关接线图

五、机型现象：LP-U5032DT 型空调压缩机不工作

修前准备：此类故障应用篦梳检查法进行检修，检修时重点检测压缩机。

检修要点：检修时具体检测电源变压器、压缩机以及压缩机启动电容是否损坏。

资料参考：实际检修中因压缩机损坏，更换后即可排除故障。压缩机相关接线如图 4-5 所示。

六、机型现象： LS-E2511RDW 型空调不工作

修前准备：此类故障应用电压检测法和电阻检测法进行检修，

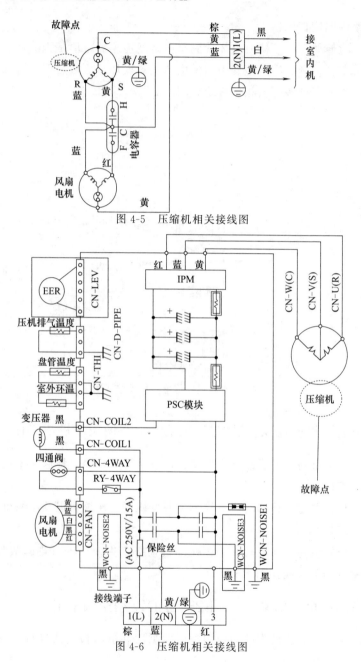

图 4-5　压缩机相关接线图

图 4-6　压缩机相关接线图

检修时重点检测压缩机。

　　检修要点：检修时具体检测电源电压是否正常、压缩机是否损坏。

　　资料参考：实际检修中因压缩机损坏，更换后即可排除故障。压缩机相关接线如图 4-6 所示。

课堂二 澳柯玛空调器维修实训

一、机型现象：KFR-23GW 挂机不制冷

　　修前准备：此类故障应用篦梳检查法进行检修，检修时重点检测制冷系统。

　　检修要点：检修时具体检测压缩机是否损坏、毛细管是否堵塞。

　　资料参考：实际检修中因压缩机损坏，更换后即可排除故障。压缩机相关实物如图 4-7 所示。

二、机型现象：KFRD-2304GW 型空调不制冷

　　修前准备：此类故障应用篦梳检查法进行检修，检修时重点检测制冷系统。

　　检修要点：检修时具体检测压缩机是否损坏、蒸发器是否脏堵、毛细管是否过长。

　　资料参考：实际检修中因压缩机损坏，更换后即可排除故障。

三、机型现象：KFRD-35GW/H 型空调不启动

　　修前准备：此类故障应用电压检测法进行检修，检修时重点检测室外风机。

　　检修要点：检修时具体检测电源电压是否正常、电源变压器是否损坏、室外风扇电动机是否损坏。

资料参考：实际检修中因室外风扇电动机损坏，更换后即可排除故障。室外风扇电动机如图 4-8 所示。

图 4-7　压缩机　　　　　　　图 4-8　室外风扇电动机

四、机型现象：KFRD-7021LW 型空调不制冷

修前准备：此类故障应用电阻检测法和篦梳检查法进行检修，检修时重点检测温度传感器。

检修要点：检修时具体检测温度传感器阻值是否正常、过滤网是否堵塞、风机及风机电容是否有异常。

资料参考：实际检修中因温度传感器损坏，更换后即可排除故障。

课堂三 长虹空调器维修实训

一、机型现象：KF-26GW/WS 型空调不启动

修前准备：此类故障应用电压检测法和篦梳检查法进行检修，检修时重点检测室内机控制电路。

检修要点：检修时具体检测电源电压是否正常、室内控制板是否损坏、单片机 IC101 是否损坏。

资料参考：实际检修中因单片机 IC101 损坏，更换后即可排除故障。IC101 相关电路如图 4-9 所示。

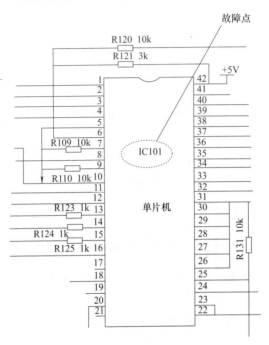

图 4-9　IC101 相关电路图

二、机型现象：KF-32GW/QN 型空调开机不启动

修前准备：此类故障应用电压检测法和篦梳检查法进行检修，检修时重点检测 K101。

检修要点：检修时重点检测电源电压 220V 是否正常、电源变压器是否损坏、保险丝是否烧断、K101 是否损坏。

资料参考：实际检修中因 K101 损坏，更换后即可排除故障。K101 相关接线如图 4-10 所示。

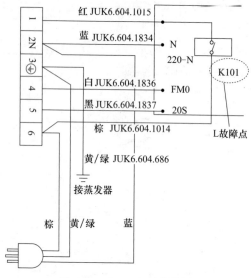

图 4-10   K101 相关接线图

三、机型现象：KFR-120QW/DH 型空调不工作

修前准备：此类故障应用电压检测法进行检修，检修时重点检测室内机控制板电路。

检修要点：检修时具体检测电源电压是否正常、D101 是否损坏。

资料参考：实际检修中因 D101 损坏，更换后即可排除故障。D101 相关电路如图 4-11 所示。

四、机型现象：KFR-120QW/DH 型空调不制冷

修前准备：此类故障应用篦梳检查法进行检修，检修时重点检测电磁四通阀。

检修要点：检修时具体检测系统是否缺氟、压缩机是否损坏、电磁四通阀是否损坏。

资料参考：实际检修中因电磁四通阀损坏，更换后即可排除故

障。电磁四通阀相关电路如图 4-12 所示。

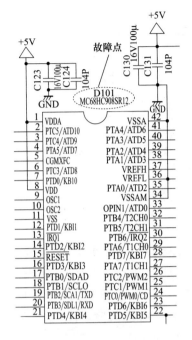

图 4-11　D101 相关电路图

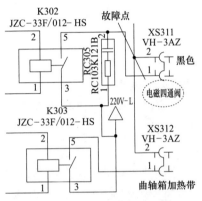

图 4-12　电磁四通阀相关电路图

五、机型现象：KFR-120QW/DH 型空调不制热

修前准备：此类故障应用篦梳检查法进行检修，检修时重点检测热交换器。

检修要点：检修时具体检测热交换器、压缩机及四通阀是否损坏。

资料参考：实际检修中因热交换器损坏，更换后即可排除故障。热交换器原理如图 4-13 所示。

六、机型现象：KFR-120QW/DH 型空调室内机不工作

修前准备：此类故障应用电流检测法进行检修，检修时重点检

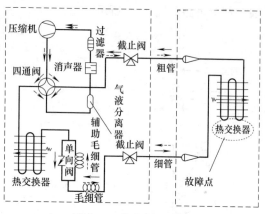

图 4-13 热交换器原理

测室内机电路。

检修要点：检修时具体检测室内机运行电流是否正常、D104是否损坏。

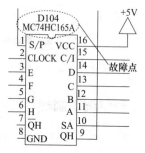

图 4-14 D104 相关电路图

资料参考：实际检修中因 D104 损坏，更换后即可排除故障。D104 相关电路如图 4-14 所示。

七、机型现象：KFR-120QW/DH型空调自动停机

修前准备：此类故障应用电压检测法进行检修，检修时重点检测 D304。

检修要点：检修时具体检测电源电压是否正常、D304 是否损坏。

资料参考：实际检修中因 D304 损坏，更换后即可排除故障。D304 相关电路如图 4-15 所示。

八、机型现象：KFR-25GW/H型分体式空调器不制热

修前准备：此类故障应用电压检测法进行检修，检修时重点检

测四通阀。

检修要点：检修时具体检测四通阀两个接线端子的交流电压是否为 220V、四通阀线圈是否损坏。

资料参考：实际检修中因四通阀线圈损坏，更换后即可排除故障。四通阀如图 4-16 所示。

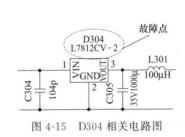

图 4-15　D304 相关电路图

图 4-16　四通阀

九、机型现象：KFR-25GW/WCS 型空调室内贯流风机运转，室内压缩机不运转

修前准备：此类故障应用电压检测法进行检修，检修时重点检测室温传感器。

检修要点：检修时具体测量微处理器芯片第㉓脚的输出电压是否正常、滤波电容 C110 是否良好、室温传感器的阻值是否为正常 10kΩ。

资料参考：实际检修中因室温传感器损坏，更换后即可排除故障。室温传感器如图 4-17 所示。

图 4-17　室温传感器

十、机型现象：KFR-25G 型空调制冷状态下室内、外风机工作正常，但室内机吹出的风不冷

修前准备： 此类故障应用篦梳检查法和电阻检测法进行检修，检修时重点检测温度传感器电路及压缩机电路。

检修要点： 检修时具体检测温度传感器电路是否有故障、压缩机是否启动、压缩机电动机绕组直流电阻及绝缘电阻值是否正常、压缩机启动电容是否损坏。

图 4-18 压缩机启动电容

资料参考： 实际检修中因压缩机启动电容损坏，更换后即可排除故障。压缩机启动电容如图 4-18 所示。

十一、机型现象：KFR-34GW/WCSF 型空调不能制冷

修前准备： 此类故障应用电阻检测法进行检修，检修时重点检测温度传感器 RT1。

检修要点： 检修时具体检测温度传感器 RT1 阻值是否正常。

资料参考： 实际检修中因 RT1 损坏，更换后即可排除故障。RT1 相关电路如图 4-19 所示。

十二、机型现象：KFR-35GW/DC2 型空调开机压缩机不工作

修前准备： 此类故障应用电压检测法进行检修，检修时重点检测系统控制及压缩机启动电路。

检修要点： 检修时具体检测 D102 第①脚和第⑯脚间的电压是否正常、继

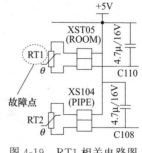

图 4-19 RT1 相关电路图

电器 K1 交流输出端是否有 220V 电压。

资料参考：实际检修中因继电器 K1 损坏，更换后即可排除故障。

十三、机型现象：KFR-35GW/DC2 型空调遥控器发出信号后导风板不受控制

修前准备：此类故障应用电压检测法进行检修，检修时重点检测驱动模块 ULN2003。

检修要点：检修时具体检测 ULN2003 第④～⑦脚的脉冲输入电压是否正常，第⑩～⑬脚的脉冲输出电压是否正常。

资料参考：实际检修中因 ULN2003 损坏，更换后即可排除故障。

十四、机型现象：KFR-36GW/D 型空调不能开机

修前准备：此类故障应用电压检测法进行检修，检修时重点检测电源电路。

检修要点：检修时具体检测电源电压是否正常、3.15A 保险丝是否烧坏。

资料参考：实际检修中因 3.15A 保险丝烧坏，更换后即可排除故障。3.15A 保险丝相关电路如图 4-20 所示。

十五、机型现象：KFR-36GW/WS 型空调不工作

修前准备：此类故障应用电压检测法进行检修，检修时重点检测电源电路。

检修要点：检修时具体检测电源电压是否正常、保险丝是否烧坏、变压器 T1 是否损坏、稳压器 7812 是否有异常。

资料参考：实际检修中因变压器 T1 损坏，更换后即可排除故障。T1 相关电路如

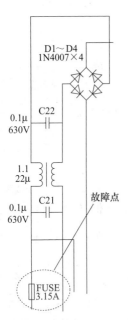

图 4-20 3.15A 保险丝相关电路图

图 4-21 所示。

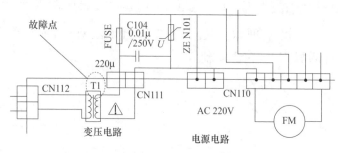

图 4-21 T1 相关电路图

十六、机型现象：KFR-36GW/WS 型空调不制冷

修前准备：此类故障应用电阻检测法进行检修，检修时重点检测温度检测电路。

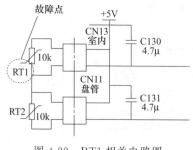

图 4-22 RT1 相关电路图

检修要点：检修时具体检测温度传感器 RT1 和 RT2 的阻值是否正常 10kΩ。

资料参考：实际检修中因 RT1 损坏，更换后即可排除故障。RT1 相关电路如图 4-22 所示。

十七、机型现象：KFR-36GW 型空调通电开机制冷正常，但工作 10min 左右整机停止工作

修前准备：此类故障应用电压检测法进行检修，检修时重点检测控制板电路。

检修要点：检修时具体检测电源插座电压是否为 220V，二极管 VD10、VD1 是否损坏。

资料参考：实际检修中因二极管 VD1、VD10 损坏，更换后即可排除故障。

十八、机型现象：KFR-48LW 型空调不制热

修前准备：此类故障应用篦梳检查法进行检修，检修时重点检测控制电路。

检修要点：检修时具体检测反相驱动器 IC106、IC105 是否损坏、继电器 RY101 及 RY104 是否损坏。

资料参考：实际检修中因继电器 RY104 损坏，更换后即可排除故障。

课堂四 春兰空调器维修实训

一、机型现象：KFR-22GW 型空调不制冷

修前准备：此类故障应用篦梳检查法进行检修，检修时重点检测换向阀。

检修要点：检修时具体检测换向阀、压缩机及外风机是否损坏。

资料参考：实际检修中因换向阀损坏，更换后即可排除故障。换向阀相关电路如图 4-23 所示。

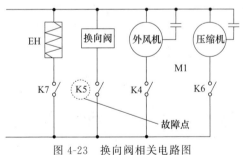

图 4-23　换向阀相关电路图

二、机型现象：KFR-32GW 型空调不工作

修前准备：此类故障应用电压检测法和篦梳检查法进行检修，

检修时重点检测三极管 V5。

检修要点：检修时具体检测电源电压是否正常，V5 和 VD8 是否损坏。

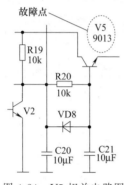

故障点

图 4-24　V5 相关电路图

资料参考：实际检修中因三极管 V5 损坏，更换后即可排除故障。V5 相关电路如图 4-24 所示。

三、机型现象：KFR-32GW 型空调运行时自动停机

修前准备：此类故障应用电压检测法和电流检测法进行检修，检修时重点检测电源电路。

检修要点：检修时具体检测电源电压是否正常、运行电流是否正常、压敏电阻是否损坏。

资料参考：实际检修中因压敏电阻损坏，更换后即可排除故障。压敏电阻相关电路如图 4-25 所示。

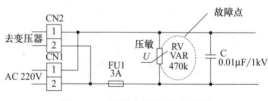

图 4-25　压敏电阻相关电路图

四、机型现象：KFR-32GW 型空调自动停机

修前准备：此类故障应用电压检测法进行检修，检修时重点检测电源电路。

检修要点：检修时具体检测电源电压是否正常、IC4（7806）是否损坏。

资料参考：实际检修中因 IC4 损坏，更换后即可排除故障。IC4 相关电路如图 4-26 所示。

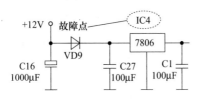

图 4-26　IC4 相关电路图

五、机型现象：KFR-50LW/T 型空调室外机不工作

修前准备：此类故障应用电压检测法进行检修，检修时重点检测室外机电路。

检修要点：检修时具体检测室外机电源电压是否正常，VH5 及 7812 是否损坏。

资料参考：实际检修中因 VH5 损坏，更换后即可排除故障。VH5 相关电路如图 4-27 所示。

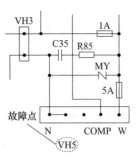

图 4-27　VH5 相关电路图

六、机型现象：KFR-50LW/T 型空调自动停机

修前准备：此类故障应用电压检测法进行检修，检修时重点检测 T11（7805）。

检修要点：检修时具体检测电源电压是否稳定、T11（7805）是否损坏。

资料参考：实际检修中因 T11（7805）损坏，更换后即可排除故障。T11（7805）相关电路如图 4-28 所示。

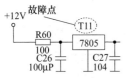

图 4-28　T11（7805）
相关电路图

七、机型现象：RF-28W 型空调不制冷

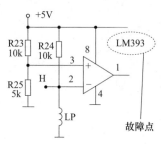

图 4-29　LM393 相关电路图

修前准备：此类故障应用篦梳检查法进行检修，检修时重点检测 LM393。

检修要点：检修时具体检测毛细管管路是否堵塞、压缩机是否损坏、LM393 是否损坏。

资料参考：实际检修中因 LM393 损坏，更换后即可排除故障。LM393 相关电路如图 4-29 所示。

八、机型现象：RF-28W 型空调制冷效果差

修前准备：此类故障应用电阻检测法进行检修，检修时重点检测 RT2。

检修要点：检修时具体检测 RT2 阻值是否变值。

资料参考：实际检修中因 RT2 损坏，更换后即可排除故障。RT2 相关电路如图 4-30 所示。

九、机型现象：RF-28W 型空调自动停机

修前准备：此类故障应用电压检测法进行检修，检修时重点检测电源稳压电路。

检修要点：检修时具体检测电源电压是否正常、7805 是否损坏。

资料参考：实际检修中因 7805 损坏，更换后即可排除故障。7805 相关电路如图 4-31 所示。

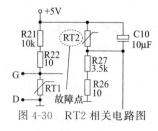

图 4-30　RT2 相关电路图

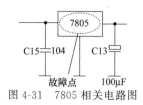

图 4-31　7805 相关电路图

课堂五 大金空调器维修实训

一、机型现象：FJDP25PVC型空调内机噪声

修前准备：此类故障应用替换法进行检修，检修时重点检测排水管。

检修要点：检修时首先更换P板和电动机，再检查积水盘是否有定量积水、排水管坡度是否不够。

资料参考：实际检修中因排水管坡度不够，改善后即可排除故障。

二、机型现象：FT22L型空调制冷时没有冷风

修前准备：此类故障应用篦梳检查法进行检修，检修时重点检测干燥过滤器。

检修要点：检修时具体检测压缩机排气管是否不热、干燥过滤器及毛细管是否堵塞。

资料参考：实际检修中因干燥过滤器堵塞，更换干燥过滤器后即可排除故障。

三、机型现象：FT25FVIC9型空调开机几分钟自动关机灯闪动

修前准备：此类故障应用篦梳检查法进行检修，检修时重点检测CPU控制电路。

检修要点：检修时具体检测CPU（MN1883214DJCI）第㊄脚是否为高电平，L1、ZD1是否损坏，光耦Q1是否不良。

资料参考：实际检修中因光耦Q1（P521）损坏，更换后即可排除故障。Q1相关电路如图4-32所示。

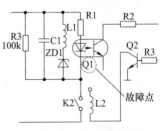

图4-32　Q1相关电路图

四、机型现象：FTV35FVIC 型空调开机电源指示灯闪烁，内外机不工作

修前准备： 此类故障应用篦梳检查法进行检修，检修时重点检测电源板。

检修要点： 检修时具体检测内外机连接导线是否正常、内机 N 端与信号端子间是否无交流脉动电压、光耦 OIS4（PC621）是否损坏、电阻 R24 是否烧焦、稳压管 ZD2 是否不良。

资料参考： 实际检修中因光耦 OIS4（PC621）损坏、电阻 R24 烧焦、稳压管 ZD2 不良较为常见，更换后即可排除故障。

五、机型现象：FXFP125KMV9 型空调电子膨胀阀动作不良

图 4-33　电子膨胀阀

修前准备： 此类故障应用直观检查法进行检修，检修时重点检测电子膨胀阀。

检修要点： 检修时具体检测膨胀阀线圈是否拧得过紧。

资料参考： 实际检修中因电子膨胀阀线圈拧得过紧，拆下重新安装后即可排除故障。电子膨胀阀如图 4-33 所示。

六、机型现象：RE25JVIC 型空调制冷效果差

修前准备： 此类故障应用篦梳检查法进行检修，检修时重点检测毛细管。

检修要点： 检修时具体检测毛细管是否堵塞、热交换器是否损坏、压缩机是否能正常工作。

资料参考： 实际检修中因毛细管堵塞，更换后即可排除故障。毛细管相关管路如图 4-34 所示。

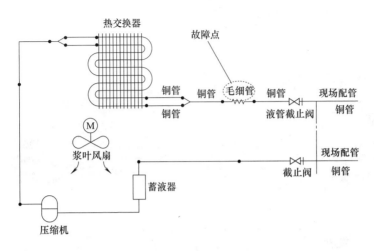

图 4-34 毛细管相关管路图

七、机型现象：RHXYQ16PY1 型空调出现 E3 高压保护

修前准备：此类故障应用自诊检查法进行检修，检修时重点检测液侧截止阀。

检修要点：检修时具体检查液侧截止阀是否处于全开状态、热交换器热敏电阻检测温度是否与高压等效饱和温度相近。

资料参考：实际检修中因截止阀未处于全开状态，将其调整至全开状态即可排除故障。截止阀如图 4-35 所示，其内部结构如图 4-36 所示。

八、机型现象：RMXS112DV2C 型空调出现 F3 故障

修前准备：此类故障应用电阻检测法进行检修，检修时重点检查压缩机。

检修要点：检修时具体检测排出管热敏电阻阻值是否正常、排出管热敏电阻位置是否正常、压缩机是否压缩不良。

图 4-35　截止阀

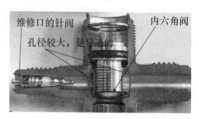

维修口的针阀

孔径较大，是导通的

内六角阀

图 4-36　截止阀内部结构

资料参考：实际检修中因压缩机压缩不良较为常见，更换压缩机后即可排除故障。压缩机如图 4-37 所示。

九、机型现象：RY71DQV2C 型空调不制冷

修前准备：此类故障应用电阻检测法进行检修，检修时重点检测温度传感器。

检修要点：检修时具体检测压缩机线圈阻值是否正常、温度传感器阻值是否正常。

资料参考：实际检修中因温度传感器损坏，更换后即可排除故障。温度传感器如图 4-38 所示。

图 4-37　压缩机

图 4-38　温度传感器

十、机型现象：RY71FQCV2C 型空调不工作

修前准备：此类故障应用电压检测法进行检修，检修时重点检测电源电路。

检修要点：检修时具体检测电源电压是否正常，电源变压器及压缩机是否损坏。

资料参考：实际检修中因电源变压器损坏，更换后即可排除故障。

课堂六 格力空调器维修实训

一、机型现象：KF-25GWA/KF-33GWA 型空调开机后室外机工作正常，室内机工作异常

修前准备：此类故障应用电阻检测法进行检修，检修时重点检测室内传感器电路。

检修要点：检修时具体检测室内环温传感器 TH1 阻值是否不正常。

资料参考：实际检修中因室内环温传感器 TH1 损坏，更换后即可排除故障。TH1 相关电路如图 4-39 所示。

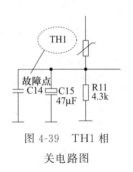

图 4-39 TH1 相关电路图

二、机型现象：KF-25GWA 型空调不工作

修前准备：此类故障应用电压检测法进行检修，检修时重点检测步进电动机电路。

检修要点：检修时具体检测电源电压是否正常、步进电动机是否损坏。

资料参考：实际检修中因步进电动机损坏，更换后即可排除故

障。步进电动机相关电路如图 4-40 所示。

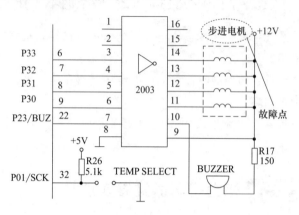

图 4-40 步进电动机相关电路图

三、机型现象：KF-25GWA 型空调不制冷

修前准备：此类故障应用电阻检测法进行检修，检修时重点检测管温传感器电路。

检修要点：检修时具体检测室外管温传感器 TH3 阻值是否正常，室内管温传感器 TH2、TH1 阻值是否正常。

资料参考：实际检修中因室外管温传感器 TH3 损坏，更换后即可排除故障。TH3 相关电路如图 4-41 所示。

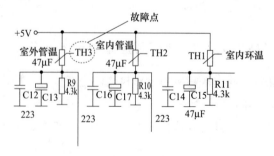

图 4-41 TH3 相关电路图

四、机型现象：KF-25GW 型空调时间模式失控

修前准备：此类故障应用篦梳检查法进行检修，检修时重点检测时间设置电路。

检修要点：检修时具体检测三极管 Q11、Q12、Q13 是否导通，Q8、Q16 是否不良。

资料参考：实际检修中因 Q8 的 E-C 极漏电，更换后即可排除故障。

五、机型现象：KF-26GW 型空调不开机

修前准备：此类故障应用电阻检测法进行检修，检修时重点检测电源电路。

检修要点：检修时具体检测控制板上的保险管是否正常、电源变压器初级绕组阻值是否为 80Ω。

资料参考：实际检修中因电源变压器损坏，更换后即可排除故障。电源变压器如图 4-42 所示。

图 4-42　电源变压器

六、机型现象：KF-35GW/35316E 型空调连续工作半年后完全不制冷

修前准备：此类故障应用电阻检测法进行检修，检修时重点检测压缩机。

检修要点：检修时具体检测压缩机绕组阻值是否正常。

资料参考：实际检修中因压缩机损坏，更换后即可排除故障。

七、机型现象：KF-35GW/E3531R-N4 型空调工作 20min 后室内仍无冷气吹出

修前准备：此类故障应用篦梳检查法进行检修，检修时重点检测制冷系统。

检修要点：检修时具体检测压缩机是否损坏、蒸发器是否脏堵、过滤器是否堵塞。

资料参考：实际检修中因过滤器堵塞，更换过滤器后即可排除故障。

八、机型现象：KF-50GW/A110D 型空调制冷效果差

修前准备：此类故障应用触摸检测法进行检修，检修时重点检测蒸发器。

检修要点：检修时用手摸蒸发器背面是否有异常。

资料参考：实际检修中因蒸发器脏堵，清洗蒸发器后即可排除故障。

九、机型现象：KF-60LW/60312LS 型空调同步电动机不能调节风向

修前准备：此类故障应用电压检测法进行检修，检修时重点检测同步电动机。

检修要点：检修时具体检测强电板上通往同步电动机的交流电压是否为 220V、同步电动机绕组是否开路。

资料参考：实际检修中因同步电动机绕组开路，更换后即可排除故障。同步电动机如图 4-43 所示。

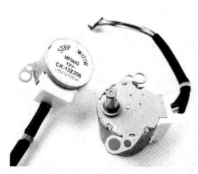

图 4-43 同步电动机

十、机型现象：KF-7033LW 型空调送风但不制冷

修前准备：此类故障应用电压及电流检测法进行检修，检修时重点检测压缩机电路。

检修要点：检修时具体检测内机线路板是否的控制电压输出到外机、工作电流是否正常、压缩机启动电流是否为正常 12.8A。

资料参考：实际检修中因压缩机损坏，更换后即可排除故障。

十一、机型现象：KF-70LW 型空调开机 25min 后，内机显示板上显示"E2"代码并停机

修前准备：此类故障应用电压及电流检测法进行检修，检修时重点检测防冻结电路。

检修要点：检修时具体检测工作电压及工作电流是否正常、管温传感器阻值是否为 5kΩ。

资料参考：实际检修中因管温传感器不良，更换后即可排除故障。管温传感器如图 4-44 所示。

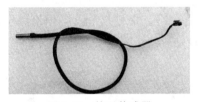

图 4-44　管温传感器

十二、机型现象：KFR-120LW/1253LV 型空调不制冷

修前准备：此类故障应用电压检测法进行检修，检修时重点检测三端稳压块 7812。

检修要点：检修时具体检测电源电压是否良好，变压器的输入、输出是否正常，三端稳压块 7812 电压输出是否正常。

资料参考：实际检修中因 7812 损坏，更换后即可排除故障。

十三、机型现象：KFR-120LW 型空调使用 5 个月后出风量小，制冷效果差

修前准备：此类故障应用直观检查法进行检修，检修时重点检测制冷系统。

检修要点：检修时具体拆机检查电路板是否损坏、蒸发器是否脏堵。

资料参考：实际检修中因蒸发器脏堵，清理蒸发器后即可排除故障。蒸发器如图4-45所示。

十四、机型现象：KFR-120LW 型空调压缩机不工作

修前准备：此类故障应用电压检测法进行检修，检修时重点检测交流接触器。

检修要点：检修时具体检测交流接触器线圈两端电压是否正常。

图 4-45 蒸发器

资料参考：实际检修中因交流接触器损坏，更换后即可排除故障。交流接触器如图4-46所示。

图 4-46 交流接触器

十五、机型现象：KFR-26GW 上电后无反应

修前准备：此类故障应用电压检测法进行检修，检修时重点检测电源变压器电路。

检修要点：检修时具体检测交流电压 220V 是否正常、室内板上保险丝是否完好、变压器初级绕组阻值是否不正常。

资料参考：实际检修中因变压器损坏，更换后即可排除故障。

十六、机型现象：KFR-32GW/（32570）Aa-2 型空调不工作

修前准备：此类故障应用电压检测法进行检修，检修时重点检测室内电源控制电路。

检修要点：检修时具体检测电源电压是否正常、保险丝是否烧断、电感 L2 是否损坏。

资料参考：实际检修中因电感 L2 损坏，更换后即可排除故障。

十七、机型现象：KFR-32 型空调室内风机运转，压缩机不转

修前准备：此类故障应用电压检测法和电阻检测法进行检修，检修时重点检测压缩机。

检修要点：检修时具体检测通往室外机的连接线是否有 220V 电压输出、压缩机线圈阻值是否正常。

资料参考：实际检修中因压缩机损坏，更换后即可排除故障。

十八、机型现象：KFR-33G 型空调不制冷

修前准备：此类故障应用电阻检测法进行检修，检修时具体检测温度传感器 RT2。

检修要点：检修时具体检测 RT1、RT2 的阻值是否正常。

资料参考：实际检修中因 RT2 损坏，更换后即可排除故障。RT2 相关电路如图 4-47 所示。

十九、机型现象：KFR-33G 型空调不制热

修前准备：此类故障应用篦梳检查法进行检修，检修时重点检测 U4。

检修要点：检修时具体检测压缩机、温管热敏电阻及 U4（TD62003A）是否损坏。

资料参考：实际检修中因 U4（TD62003A）损坏，更换后即可排除故障。U4（TD62003A）相关电路如图 4-48 所示。

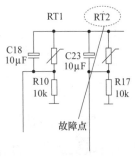
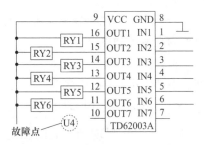

图 4-47　RT2 相关电路图　　图 4-48　U4（TD62003A）相关电路图

二十、机型现象：KFR-35GW/（35570）-Aa-3 型空调开机 20min 后显示故障代码"E2"

修前准备：此类故障应用电阻检测法进行检修，检修时重点检测管温温度传感器。

检修要点：检修时具体检测管温温度传感器阻值是否正常。

资料参考：实际检修中因管温温度传感器损坏，更换后即可排除故障。管温温度传感器如图 4-49 所示。

图 4-49　管温度传感器

二十一、机型现象：KFR-46LW/E 型空调显示故障代码"E5"

修前准备：此类故障应用自诊检查法和电压检测法进行检修，检修时重点检测电源板。

检修要点：检修时具体检测电源电压是否正常、电源板是否损坏。

资料参考：实际检修中因电源板损坏，更换后即可排除故障。电源板如图 4-50 所示。

图 4-50　电源板

二十二、机型现象：KFR-46LW 型空调启停频繁，制冷 30min 后显示故障代码"E4"

修前准备：此类故障应用电压及电流检测法进行检修，检修时重点检测风机电路。

检修要点：检修时具体检测电源电压是否正常、电流是否偏大、室外传感器阻值是否异常、风机电容是否损坏、电动机是否有异常。

资料参考：实际检修中因电动机损坏，更换后即可排除故障。

二十三、机型现象：KFR-50LW/E 型空调不能除霜

修前准备：此类故障应用电阻检测法进行检修，检修时重点检测除霜控制电路。

检修要点：检修时具体检测电阻 R16 阻值是否为 470kΩ、LM393 是否不良。

资料参考：实际检修中因 LM393 损坏，更换后即可排除故障。LM393 相关电路如图 4-51 所示。

二十四、机型现象：KFR-50LW/E 型空调开机保护停机

修前准备：此类故障应用电压检测法进行检修，检修时重点检测电源电路。

检修要点：检修时具体检测电源电压是否正常、U1（7812）是否损坏。

资料参考：实际检修中因 U1（7812）损坏，更换后即可排除故障。U1（7812）相关电路如图 4-52 所示。

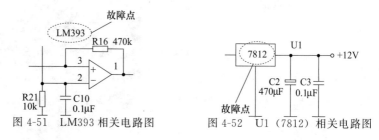

图 4-51　LM393 相关电路图　　　图 4-52　U1（7812）相关电路图

二十五、机型现象：KFR-50LW 型空调起停频繁

修前准备：此类故障应用电压及电流检测法进行检修，检修时重点检测风机电路。

检修要点：检修时开机测量电压及电流是否正常，风机电动机及压缩机是否损坏。

资料参考：实际检修中因风机电动机损坏，更换后即可排除故障。风机电动机如图4-53所示。

二十六、机型现象：KFR-70LW 型空调不制冷

修前准备：此类故障应用篦梳检查法进行检修，检修时重点检测制冷系统。

检修要点：检修时具体检测压缩机是否卡缸、毛细管是否堵塞、蒸发器及冷凝器是否脏堵。

图 4-53　风机电动机

资料参考：实际检修中因压缩机损坏，更换后即可排除故障。压缩机如图 4-54 所示。

二十七、机型现象：RF-7.2/12W 型空调不出风

修前准备：此类故障应用篦梳检查法进行检修，检修时重点检测 SW3。

检修要点：检修时具体检测 SW2、SW3 是否损坏，J6、J7、J8 是否损坏。

资料参考：实际检修中因 SW3 损坏，更换后即可排除故障。SW3 相关电路如图 4-55 所示。

图 4-54　压缩机

二十八、机型现象：RFD12（7.5）WAK 型空调不制冷

修前准备：此类故障应用电阻检测法和篦梳检查法进行检修，检修时重点检测压缩机电路。

检修要点：检修时具体检测压缩机线圈阻值是否正常、导风电动机是否有异常、四通阀是否损坏。

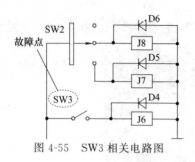

图 4-55　SW3 相关电路图

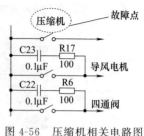

图 4-56　压缩机相关电路图

资料参考：实际检修中因压缩机损坏，更换后即可排除故障。压缩机相关电路如图 4-56 所示。

二十九、机型现象：RFD12（7.5）WAK 型空调蜂鸣器不响

修前准备：此类故障应用篦梳检查法进行检修，检修时重点检测蜂鸣器控制电路。

检修要点：检修时具体检测 R2、C2 及 D5 是否损坏。

资料参考：实际检修中因电阻 R2 损坏，更换后即可排除故障。R2 相关电路如图 4-57 所示。

三十、机型现象：RFD12（7.5）WAK 型空调制热效果差、室外侧热交换器结冰

修前准备：此类故障应用电压检测法进行检修，检修时重点检测桥堆 U2。

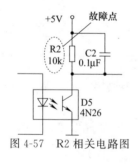

图 4-57　R2 相关电路图

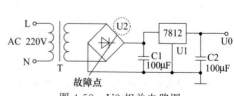

图 4-58　U2 相关电路图

检修要点：检修时具体检测 U1 是否有 12V 电压输出、桥堆 U2 是否损坏。

资料参考：实际检修中因 U2 损坏，更换后即可排除故障。U2 相关电路如图 4-58 所示。

课堂七 海尔空调器维修实训

一、机型现象：KF（R）-25NW/（F）不能启动

修前准备：此类故障应用篦梳检查法进行检修，检修时重点检测电阻 R6。

检修要点：检修时具体检测电阻 R6 是否开路、IC218 是否损坏、DQ9 是否有异常。

资料参考：实际检修中因电阻 R6 开路，更换后即可排除故障。R6 相关电路如图 4-59 所示。

二、机型现象：KF（R）-35GW/H5 不能制冷

修前准备：此类故障应用电阻检测法进行检修，检修时重点检测 IC2（24C02）。

检修要点：检修时具体检测温度传感器阻值是否漂移、IC2（24C02）是否损坏。

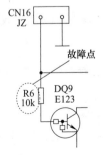

图 4-59 R6 相关电路图

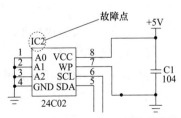

图 4-60 IC2（24C02）相关电路图

资料参考：实际检修中因 IC2（24C02）损坏，更换后即可排除故障。IC2（24C02）相关电路如图 4-60 所示。

三、机型现象：KF（R）-50GW/Z 型空调不工作

修前准备：此类故障应用篦梳检查法进行检修，检修时重点检测压缩机电路。

检修要点：检修时具体检测压缩机、压缩机启动电容以及风机电动机是否损坏。

资料参考：实际检修中因压缩机启动电容损坏，更换后即可排除故障。压缩机启动电容相关接线如图 4-61 所示。

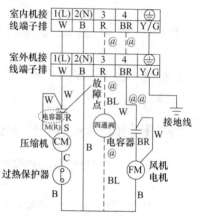

图 4-61　压缩机运行电容相关接线图

四、机型现象：KF（R）-50GW/Z 型空调制冷效果不好

修前准备：此类故障应用电阻检测法进行检修，检修时重点检测盘管温度传感器电路。

检修要点：检修时具体检测盘管温度传感器阻值是否正常。

资料参考：实际检修中因盘管温度传感器损坏，更换后即可排除故障。盘管温度传感器相关接线如图 4-62 所示。

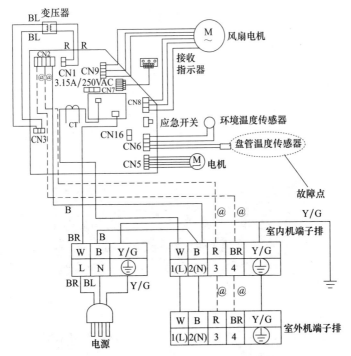

图 4-62　盘管温度传感器相关接线图

五、机型现象：KF-120LW 型空调不制热

修前准备：此类故障应用电阻检测法和篦梳检查法进行检修，检修时重点检测电感 L2。

检修要点：检修时具体检测传感器 RT1、RT2 阻值是否正常，电感 L2 是否损坏。

资料参考：实际检修中因电感 L2 损坏，更换后即可排除故障。L2 相关电路如图 4-63 所示。

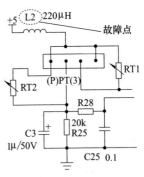

图 4-63　L2 相关电路图

六、机型现象：KF-26GW/CF 型空调不制冷

修前准备：此类故障应用电压检测法和篦梳检查法进行检修，检修时重点检测室内温控器。

检修要点：检修时具体检测 12V、5V 电压是否正常，继电器、驱动块 IC2003 以及室内机温控器是否损坏。

资料参考：实际检修中因室内机温控器损坏，更换后即可排除故障。室内温控器如图 4-64 所示。

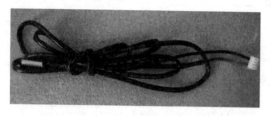

图 4-64　室内温控器

七、机型现象：KF-50LW/01AAF12 型空调整机不启动

修前准备：此类故障应用电压检测法进行检修，检修时重点检测电源电路。

检修要点：检修时具体检测电源电压 220V 是否正常、开关电源是否损坏。

资料参考：实际检修中因电源损坏，更换后即可排除故障。电源相关接线如图 4-65 所示。

八、机型现象：KFR-120LW/A 型空调显示故障代码"E2"

修前准备：此类故障应用自诊检查法进行检修，检修时重点检测传感器。

检修要点：检修时具体室内机盘管热敏电阻阻值是否正常、内机主板上盘管传感器插排焊点是否松动。

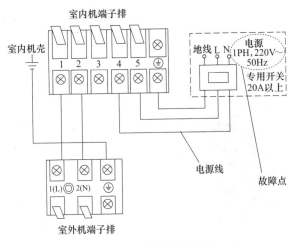

图 4-65　电源相关接线图

　　资料参考：实际检修中因室内盘管传感器虚焊，重新补焊后即可排除故障。

九、机型现象：KFR-23（32）GW/Z2 型空调室内外机不制热运行

　　修前准备：此类故障应用电压及电阻检测法进行检修，检修时重点检测室温传感器。

　　检修要点：检修时具体检测电源电压 AC 220V 是否正常、室温传感器阻值是否正常、室内机电脑板是否损坏。

　　资料参考：实际检修中因室温传感器阻值漂移，更换后即可排除故障。室温传感器如图 4-66 所示。

图 4-66　室温传感器

十、机型现象：KFR-23GW/Z6型空调不制热

图 4-67　四通阀

修前准备：此类故障应用电压检测法进行检修，检修时重点检测四通阀。

检修要点：检修时具体检测四通阀线圈供电是否正常、电脑控制板是否不良。

资料参考：实际检修中因四通阀线圈不良，更换后即可排除故障。四通阀如图 4-67 所示。

十一、机型现象：KFR-25GW×2/A型空调能制冷不制热

修前准备：此类故障应用电压检测法和电阻检测法进行检修，检修时重点检测四通阀。

检修要点：检修时具体检测四通阀的供电电压及线圈阻值是否正常。

资料参考：实际检修中因四通阀线圈烧坏较为常见，更换四通阀线圈后即可排除故障。

十二、机型现象：KFR-25GW型空调使用过程中突然不制冷

修前准备：此类故障应用篦梳检查法进行检修，检修时重点检测制冷系统。

检修要点：检修时具体检测压缩机是否损坏、压缩机运行电容是否开路、制冷剂是否不足。

资料参考：实际检修中因压缩机损坏，更换后即可排除故障。压缩机如图 4-68 所示。

十三、机型现象：KFR-25GW 型空调遥控开机后无反应，屏幕字符显示紊乱

修前准备：此类故障应用电压检测法和替换法进行检修，检修时重点检测时钟振荡电路。

检修要点：检修时具体检测电源电压是否正常，再将时钟振荡电路晶振更换。

资料参考：实际检修中因晶振损坏，更换后即可排除故障。

图 4-68　压缩机

十四、机型现象：KFR-25GW 型空调运行正常，但按下任一按键均无"嘟"的一声响

修前准备：此类故障应用篦梳检查法进行检修，检修时重点检测蜂鸣器电路。

检修要点：检修时具体检测 IC1 的第③①脚输出是否为低电平、DQ3 是否损坏、R3 是否有异常。

资料参考：实际检修中因电阻 R3 开路，更换后即可排除故障。

十五、机型现象：KFR-25WA 型空调不启动

修前准备：此类故障应用电压检测法进行检修，检修时重点检测电源电路。

检修要点：检修时具体检测电源电压是否正常、电容 C10 是否损坏。

资料参考：实际检修中因电容 C10 失效，更换后即可排除故障。

十六、机型现象：KFR-25 型空调电源正常，能制冷但不能制热

修前准备：此类故障应用电阻检测法进行检修，检修时重点检

测四通阀。

检修要点：检修时具体检测继电器 K2 是否损坏、四通阀线圈阻值是否为 1.3kΩ。

资料参考：实际检修中因四通阀损坏，更换后即可排除故障。

十七、机型现象：KFR-25 型空调通电后不能启动

修前准备：此类故障应用电压检测法进行检修，检修时重点检测整流桥 UR1。

检修要点：检修时具体检测电源电压是否正常、稳压器 IC1 (7805) 输入/出端的 16V、5V 电压是否正常，整流桥 UR1 输出端的直流电压是否正常。

资料参考：实际检修中因整流桥 UR1 损坏，更换后即可排除故障。当电阻 R6 不良时也会出现此类故障。

十八、机型现象：KFR-32GW 型空调无法制冷

修前准备：此类故障电压检测法进行检修，检修时重点检测电源电路。

检修要点：检修时具体检测电源插座电压及电流互感器次级阻值是否正常。

资料参考：实际检修中因电流互感器损坏，更换后即可排除故障。

十九、机型现象：KFR-32GW 有时报故障，运行制冷灯闪、制热灯闪

修前准备：此类故障应用电压检测法进行检修，检修时重点检测室内电动机。

检修要点：检修时具体检测电源电压是否为正常 220V、蒸发器是否脏堵、室内电脑板是否损坏、室内电动机是否损坏。

资料参考：实际检修中因室内电动机损坏，更换后即可排除

故障。

二十、机型现象：KFR-3301GW 型空调制热效果差，开机 5min 后室外风扇电动机停转，压缩机自停

修前准备：此类故障应用篦梳检查法进行检修，检修时重点检测制热系统。

检修要点：检修时具体检测主控板是否损坏、管温热敏电阻是否不良、制热毛细管是否堵塞。

资料参考：实际检修中因毛细管堵塞，更换后即可排除故障。毛细管如图 4-69 所示。

图 4-69　毛细管

二十一、机型现象：KFR-35GW/05QCC13 型空调室内机却不能工作

修前准备：此类故障应用篦梳检查法进行检修，检修时重点检测室内外连机线。

检修要点：检修时具体检测室内控制板是否损坏、连机线是否不良、室内风机是否有异常。

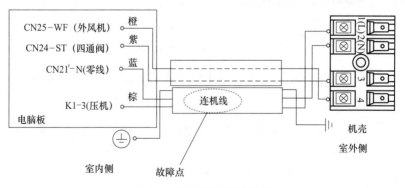

图 4-70　连机线相关接线图

资料参考：实际检修中因连机线不良，更换后即可排除故障。连机线相关接线如图 4-70 所示。

二十二、机型现象：KFR-40GWA 型空调运转正常但不能制冷

修前准备： 此类故障应用篦梳检查法进行检修，检修时重点检测制冷系统。

检修要点： 检修时具体检测制冷系统是否脏堵、制冷剂是否泄漏、空气是否进入系统。

资料参考： 实际检修中因过滤器脏堵，更换后即可排除故障。

二十三、机型现象：KFR-51LW 型空调启、停机频繁，制冷差

修前准备： 此类故障应用电压检测法和电流检测法进行检修，检修时重点检测风机电容。

图 4-71 风机启动电容

检修要点： 检修时具体检测工作电压是否为 220V，工作电流是否正常，室外散热器、风机启动电容及压缩机是否损坏。

资料参考： 实际检修中因风机启动电容损坏，更换后即可排除故障。风机启动电容相关实物如图 4-71 所示。

二十四、机型现象：KFR-5675W6BCS21 型空调不能启动

修前准备： 此类故障应用电压检测法进行检修，检修时重点检测电源电路。

检修要点： 检修时具体检测电源电压是否正常、IC4（L7805CV）是否损坏、电容 E8 是否变质。

资料参考：实际检修中因 IC4（L7805CV）损坏，更换后即可排除故障。IC4（L7805CV）相关电路如图 4-72 所示。

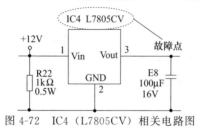

图 4-72 IC4（L7805CV）相关电路图

二十五、机型现象：KFR-76LW/01HBF13 型空调室外机不工作

修前准备：此类故障应用电压检测法进行检修，检修时重点检测室外机电源电路。

检修要点：检修时具体检测室外机电源电压是否正常、室外机电源线是否接触不良。

资料参考：实际检修中因室外机电源线不良，更换后即可排除故障。室外机电源线相关接线如图 4-73 所示。

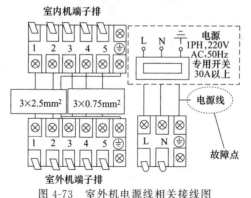

图 4-73 室外机电源线相关接线图

二十六、机型现象：KFRD-120LW/6301K-S2 型空调不能制热

修前准备：此类故障应用笣梳检查法进行检修，检修时重点检

测电加热器。

检修要点：检修时具体检测电加热器、压缩机以及风扇电动机是否损坏。

资料参考：实际检修中因电加热器损坏，更换后即可排除故障。电加热器相关接线如图 4-74 所示。

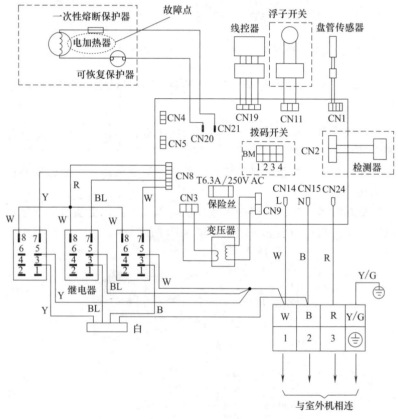

图 4-74　电加热器相关接线图

二十七、机型现象：KFRD-120LW/6301K-S2 型空调不制冷

修前准备：此类故障应用电阻检测法进行检修，检修时重点检

测制冷系统。

　　检修要点：检修时具体检测压缩机线圈阻值是否正常、四通阀是否损坏。

　　资料参考：实际检修中因压缩机损坏，更换后即可排除故障。压缩机相关接线如图 4-75 所示。

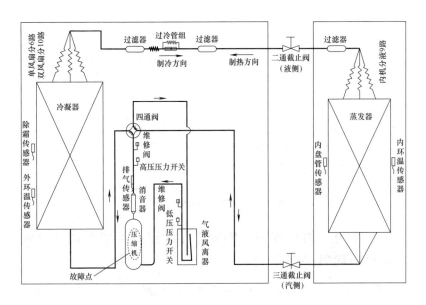

图 4-75　压缩机相关接线图

二十八、机型现象：KFRD-120LW/6301K-S2 型空调室外机不工作

　　修前准备：此类故障应用电压检测法进行检修，检修时重点检测室外机电源电路。

　　检修要点：检修时具体检测室外电源电压是否正常、变压器是否损坏。

　　资料参考：实际检修中因变压器损坏，更换后即可排除故障。变压器相关接线如图 4-76 所示。

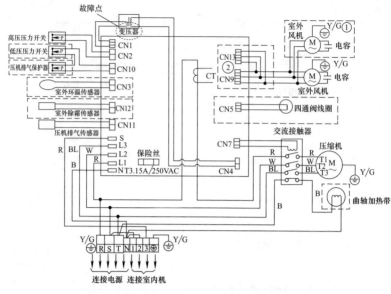

图 4-76　变压器相关接线图

二十九、机型现象：KFRD-120LW/A 型空调开机即显示故障代码"E5"

修前准备：此类故障应用电压及电阻检测法进行检修，检修时重点检测电流保护器。

检修要点：检修时具体检测电压及相序是否正常、室内机温度传感器阻值是否为 8～18kΩ 正常、电流保护器动作触点是否不通。

资料参考：实际检修中因电流保护器损坏，更换后即可排除故障。

三十、机型现象：KFRD-27GW/ZXF 型空调显示屏不亮不工作

修前准备：此类故障应用篦梳检查法进行检修，检修时重点检测电源电路。

检修要点：检修时具体检测 E8、IC8（PC817）以及 R76 和

R60 是否损坏。

资料参考：实际检修中因 IC8（PC817）损坏，更换后即可排除故障。IC8（PC817）相关电路如图 4-77 所示。

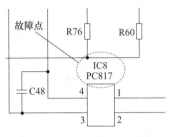

图 4-77 IC8（PC817）相关电路图

三十一、机型现象：KFRD-71LW（F）型空调漏电保护器跳闸

修前准备：此类故障应用篦梳检查法进行检修，检修时重点检测室内机电路。

检修要点：检修时具体检测熔断器是否熔断、压敏电阻是否开路、室内风机及压缩机是否有异常。

资料参考：实际检修中因压敏电阻开路，更换后即可排除故障。

三十二、机型现象：KFRD-71LW（F）型空调室内机显示故障代码"E4"

修前准备：此类故障应用自诊检查法进行检修，检修时重点检测室内机连接管。

检修要点：检修时具体检测电源电压是否正常、室内机连接管是否有异常。

资料参考：实际检修中因室内机连接管在出墙处过扁，修复后即可排除故障。"E4"表示压力保护故障。

三十三、机型现象：KFRD-71LW/F 型空调室温显示有时为 0℃，有时为 30℃，不能正常工作

修前准备：此类故障应用篦梳检查法进行检修，检修时重点检测电脑板温控电路。

检修要点：检修时具体检测温控电路电感 L2 是否有异常。

资料参考：实际检修中因 L2 内部断路，更换后即可排除故障。

三十四、机型现象：KFRD-71LW/F型空调整机不工作

修前准备：此类故障应用电压检测法进行检修，检修时重点检测电源电路。

检修要点：检修时具体检测电源电压是否正常、室内机变压器初级是否断路、室外机变压器初级是否断路。

资料参考：实际检修中因室内机变压器损坏，更换后即可排除故障。室内变压器如图 4-78 所示。

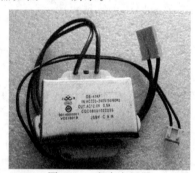

图 4-78　室内变压器

三十五、机型现象：KFRD-72LW/Z5型空调制热效果差

修前准备：此类故障应用电流检测法进行检修，检修时重点检测压缩机。

检修要点：检修时具体检测工作电流是否为正常 12.8A、压缩机是否损坏、压缩机启动电容是否不良。

资料参考：实际检修中因压缩机启动电容损坏，更换后即可排除故障。压缩机启动电容如图 4-79 所示。

图 4-79　压缩机启动电容

课堂八 海信空调器维修实训

一、机型现象：KFR-12002LW/D型空调整机不启动，显示屏无任何显示

修前准备：此类故障应用电压检测法进行检修，检修时重点检测电源电路。

检修要点：检修时具体检测电源电压是否正常、变压器是否损坏、继电器是否损坏、内机板是否不良。

资料参考：实际检修中因继电器损坏，更换后即可排除故障。继电器如图4-80所示。

图 4-80　继电器

二、机型现象：KFR-120LW/BD型空调整机不工作

修前准备：此类故障应用电压检测法进行检修，检修时重点检测内机。

检修要点：检修时具体检测是源电压是否正常，内机变压器及热敏电阻是否损坏。

资料参考：实际检修中因热敏电阻损坏，更换后即可排除故障。

三、机型现象：KFR-120W/08MD型空调显示过流保护代码"E4"

修前准备：此类故障应用篦梳检查法进行检修，检修时重点检测主控制板。

检修要点：检修时具体检测反相驱动器IC104（UN2003AN）及继电器RY5～RY8是否损坏。

资料参考：实际检修中因继电器 RY5 损坏，更换后即可排除故障。RY5 相关电路如图 4-81 所示。

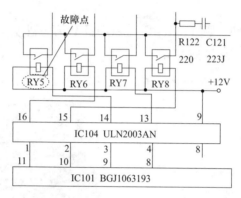

图 4-81　RY5 相关电路图

四、机型现象：KFR-120W/08M 型空调显示故障代码"E3"

修前准备：此类故障应用自诊检查法进行检修，检修时重点检测室外热交换器。

检修要点：检修时具体检测制冷剂加注是否过多、室外机周围环境是否不利散热、室外热交换器翅片是否脏污严重。

资料参考：实际检修中因室外热交器翅片脏污严重，清洗后即可排除故障。故障代码"E3"表示过压保护。

五、机型现象：KFR-2501GW 型空调不制冷且有嗡嗡声

修前准备：此类故障应用电阻检测法进行检修，检修时重点检测压缩机。

检修要点：检修时具体检测压缩机线圈阻值是否正常、压缩机启动电容是否正常。

资料参考：实际检修中因压缩机卡缸，更换后即可排除故障。

六、机型现象：KFR-26GW/09N-2 型空调不制冷

修前准备：此类故障应用电阻检测法进行检修，检修时重点检测温度传感器电路。

检修要点：检修时具体检测温度传感器阻值是否正常、电容 C104 是否损坏。

资料参考：实际检修中因电容 C104 损坏，更换后即可排除故障。C104 相关电路如图 4-82 所示。

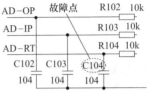

图 4-82 C104 相关电路图

七、机型现象：KFR-26GW/UGJ-1 型空调室外风机不转

修前准备：此类故障应用电阻检测法进行检修，检修时重点检测风扇电容。

检修要点：检修时具体检测风扇电动机线圈阻值是否正常、风扇电容是否损坏。

资料参考：实际检修中因风扇电容损坏，更换后即可排除故

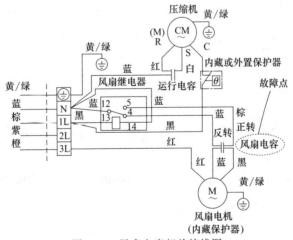

图 4-83 风扇电容相关接线图

障。风扇电容相关接线如图 4-83 所示。

八、机型现象：KFR-28GW 型空调报过电流故障，制冷效果差

修前准备：此类故障应用自诊检查法进行检修，检修时重点检测压缩机。

检修要点：检修时具体检测压缩机运行电流是否正常、压缩机绕组直流电阻是否正常。

资料参考：实际检修中因压缩机内部短路，更换后即可排除故障。压缩机如图 4-84 所示。

九、机型现象：KFR-28GW 型空调通电开机无法制热

修前准备：此类故障应用电阻检测法进行检修，检修时重点检测压缩机。

图 4-84 压缩机

检修要点：检修时具体检测压缩机线圈阻值是否正常、开关电源及功率模块是否损坏。

资料参考：实际检修中因压缩机损坏，更换后即可排除故障。

十、机型现象：KFR-32/A101 型空调通电后无反应， 无蜂鸣声

修前准备：此类故障应用电压检测法进行检修，检修时重点检测遥控接收头。

检修要点：检修时具体检测电源电压是否正常，主板及遥控接收头是否损坏。

资料参考：实际检修中因遥控接收头损坏，更换后即可排除故障。

十一、机型现象：KFR-3201G 型空调整机不通电

修前准备：此类故障应用电压检测法进行检修，检修时重点检

测电源电路。

检修要点：检修时具体检测是否有掉线或断线现象、输入电压是否为 220V、内机变压器是否损坏、整流器是否损坏。

资料参考：实际检修中因内机主板损坏，更换后即可排除故障。内机主板如图 4-85 所示。

图 4-85　内机主板

十二、机型现象：KFR-3301GW 型空调制热效果差风扇电动机停转

修前准备：此类故障应用替换法进行检修，检修时重点检测毛细管。

检修要点：检修时首先将主控板和管温热敏电阻替换，再检查毛细管及过滤器是否有堵塞。

资料参考：实际检修中因过滤器堵塞，更换后即可排除

图 4-86　过滤器

故障。过滤器如图 4-86 所示。

十三、机型现象：KFR-3301W/D 型空调风速时高时低

修前准备：此类故障应用篦梳检查法进行检修，检修时重点检测温度传感器电路。

检修要点：检修时具体检测变压器和风扇电动机是否正常、风扇电容是否损坏、室内及室外管温传感器是否有异常。

资料参考：实际检修中因室内管温传感器损坏，更换后即可排除故障。

十四、机型现象：KFR-35GW/18N-2 型空调不能制冷

修前准备：此类故障应用电阻检测法进行检修，检修时重点检测压缩机。

检修要点：检修时具体检测压缩机线圈阻值是否正常、压缩机运行电容是否损坏。

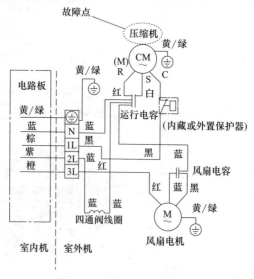

图 4-87　压缩机相关接线图

资料参考：实际检修中因压缩机损坏，更换后即可排除故障。压缩机相关接线如图 4-87 所示。

十五、机型现象：KFR-35GW/UHJ-3 型空调不工作

修前准备：此类故障应用电阻检测法进行检修，检修时重点检测压缩机控制电路。

检修要点：检修时具体检测压缩机线圈阻值是否正常、压缩机运行电容是否损坏。

资料参考：实际检修中因压缩机运行电容损坏，更换后即可排除故障。压缩机运行电容相关接线如图 4-88 所示。

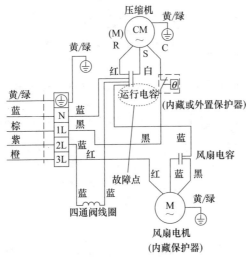

图 4-88　压缩机运行电容相关接线图

十六、机型现象：KFR-35GW/UHJ-3 型空调不制冷

修前准备：此类故障应用篦梳检查法进行检修，检修时重点检测风扇电动机。

检修要点：检修时具体检测室内控制板是否损坏、热交换器是否损坏、风扇电动机是否损坏。

资料参考：实际检修中因风扇电动机损坏，更换后即可排除故障。风扇电动机相关接线如图 4-89 所示。

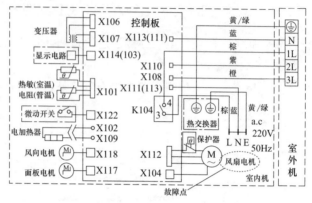

图 4-89　风扇电动机相关接线图

十七、机型现象：KFR-35GW/UHJ-3 型空调开机有噪声

修前准备：此类故障应用篦梳检查法进行检修，检修时重点检测三极管蜂鸣器控制电路。

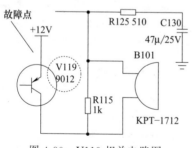

图 4-90　V119 相关电路图

检修要点：检修时具体检测蜂鸣器 B101 及三极管 V119 是否损坏。

资料参考：实际检修中因三极管 V119 损坏，更换后即可排除故障。V119 相关电路如图 4-90 所示。

十八、机型现象：KFR-35GW/UHJ-3 型空调遥控不能开机

修前准备：此类故障应用篦梳检查法进行检修，检修时重点检测遥控接收电路。

检修要点：检修时具体检测遥控器电池电量是否不足、晶振 G301 是否损坏、D101A 是否损坏。

资料参考：实际检修中因 D101A 损坏，更换后即可排除故障。 D101A 相关电路如图 4-91 所示。

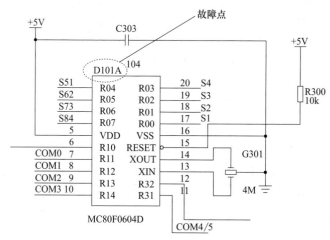

图 4-91　D101A 相关电路图

十九、机型现象：KFR-45LW/D 型空调制冷效果差

修前准备：此类故障应用直观检查法进行检修，检修时重点检测蒸发器。

检修要点：检修时打开室内机检查蒸发器上是否有油污、出风口是否堵塞、风扇电动机是否运转正常。

资料参考：实际检修中因蒸发器脏堵，清洗蒸发器后即可排除故障。

二十、机型现象：KFR-46LW/27VD 型空调制冷开机后效果差

修前准备：此类故障应用篦梳检查法进行检修，检修时重点检测制冷系统。

图 4-92　单向阀

检修要点：检修时具体检测蒸发器是否结霜、电磁四通阀工作是否正常、室外换热器是否正常、单向阀是否脏堵。

资料参考：实际检修中因单向阀脏堵，更换后即可排除故障。单向阀如图 4-92 所示。

二十一、机型现象：KFR-5001LW/AD 型空调制热温度忽高忽低

修前准备：此类故障应用电压检测法和箟梳检查法进行检修，检修时重点检测盘管温度传感器。

检修要点：检修时具体检测 220V 电源电压是否正常、电加热器是否损坏、内机板是否正常、盘管温度传感器阻值是否偏小。

资料参考：实际检修中因盘管温度传感器损坏，更换后即可排除故障。

二十二、机型现象：KFR-5001LW/D 型空调制热效果越来越差

修前准备：此类故障应用箟梳检查法进行检修，检修时重点检测制热系统。

检修要点：检修时具体检测制冷剂是否不足、放热是否受阻、系统内是否混入空气。

资料参考：实际检修中因系统内混入空气，抽空后即可排除故障。

二十三、机型现象：KFR-50LW/U（ZXF）型空调不制冷

修前准备：此类故障应用箟梳检查法进行检修，检修时重点检测室内控制电路。

检修要点：检修时具体检测压缩机是否损坏、风扇电动机是否

不能转动、IC1（TMP86C808）是否损坏。

　　资料参考：实际检修中因 IC1（TMP86C808）损坏，更换后即可排除故障。IC1（TMP86C808）相关电路如图 4-93 所示。

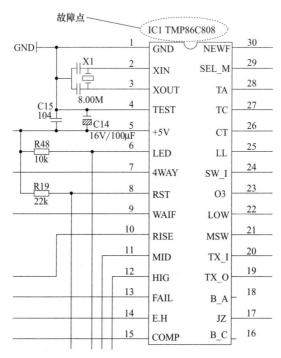

图 4-93　IC1（TMP86C808）相关电路图

二十四、机型现象：KFR-50LW/U（ZXF）型空调室内机不运行

　　修前准备：此类故障应用电流检测法进行检修，检修时重点检测室内机控制电路。

　　检修要点：检修时具体检测运行电流是否正常、电流互感器 CT1 是否损坏。

　　资料参考：实际检修中因 CT1 损坏，更换后即可排除故障。CT1 相关电路如图 4-94 所示。

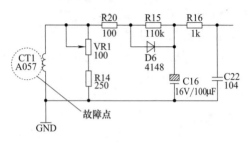

图 4-94　CT1 相关电路图

二十五、机型现象：KFR-51LW/UQ-1 型空调开机无反应

　　修前准备：此类故障应用电压检测法进行检修，检修时重点检测电源电路。

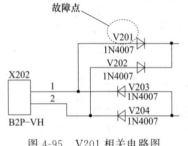

图 4-95　V201 相关电路图

　　检修要点：检修时具体检测电源电压是否正常，X202 及二极管 V201 是否损坏。

　　资料参考：实际检修中因二极管 V201 损坏，更换后即可排除故障。V201 相关电路如图 4-95所示。

二十六、机型现象：KFR-51LW/UQ-1 型空调自动停机

　　修前准备：此类故障应用电压检测法进行检修，检修时重点检测电源电路。

　　检修要点：检修时具体检测电源电压是否正常、N106（7805）是否损坏。

　　资料参考：实际检修中因 N106（7805）损坏，更换后即可排除故障。N106（7805）相关电路如图 4-96 所示。

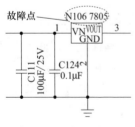

图 4-96　N106（7805）相关电路图

二十七、机型现象：KFR-51LW/VD-1 型空调工作时室内机自动停机

修前准备：此类故障应用电压检测法和篦梳检查法进行检修，检修时重点检测室内机。

检修要点：检修时具体检测电源电压是否正常、室内主板是否损坏、N301 是否损坏。

资料参考：实际检修中因 N301 损坏，更换后即可排除故障。N301 相关电路如图 4-97 所示。

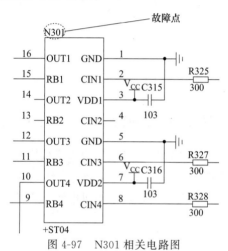

图 4-97 N301 相关电路图

二十八、机型现象：KFR-51LW/VD-1 型空调室外机不工作

修前准备：此类故障应用篦梳检查法进行检修，检修时重点检测室外机电路。

检修要点：检修时具体检测压缩机、风扇电动机及四通阀是否损坏。

资料参考：实际检修中因风扇电动机损坏，更换后即可排除故障。风扇电动机相关接线如图 4-98 所示。

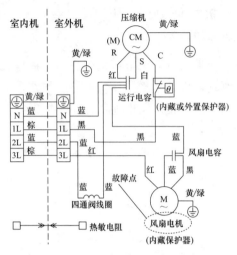

图 4-98 风扇电动机相关接线图

二十九、机型现象：KFR-51LW/VD-1型室内机不工作

修前准备：此类故障应用电压检测法进行检修，检修时重点检测室内机控制电路。

检修要点：检修时具体检测室内机电源电压是否正常、D302A是否损坏。

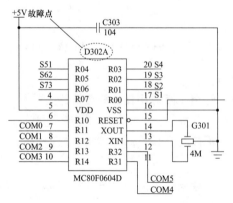

图 4-99 D302A（MC80F0604D）相关电路图

资料参考：实际检修中因 D302A（MC80F0604D）损坏，更换后即可排除故障。D302A（MC80F0604D）相关电路如图 4-99 所示。

三十、机型现象：KFR-7208LW/D 型空调通电开机熔断器熔断

修前准备：此类故障应用电阻检测法进行检修，检修时重点检测室内风机电动机。

检修要点：检修时具体检测压缩机电动机线圈阻值是否正常、电源变压器及室内风机电动机线圈是否损坏。

资料参考：实际检修中因室内风扇电动机短路，更换后即可排除故障。风扇电动机如图 4-100 所示。

图 4-100　风扇电动机

三十一、机型现象：KFR-7208LW/D 型压缩机声音异常且运行不足 3min 就停机

图 4-101　交流接触器

修前准备：此类故障应用筐梳检查法进行检修，检修时重点检测交流接触器。

检修要点：检修时具体检测压缩机是否卡缸、交流接触器是否不良、安装是否不当。

资料参考：实际检修中因交流接触器损坏，更换后即可排除故障。交流接触器如图 4-101所示。

三十二、机型现象：KFR-72LW/U（ZXF）型空调不能制冷

修前准备：此类故障应用电阻检测法进行检修，检修时重点检测电动机电路。

检修要点：检修时具体检测步进电动机线圈阻值是否正常。

资料参考：实际检修中因右步进电动机损坏，更换后即可排除故障。右步进电动机相关接线如图 4-102 所示。

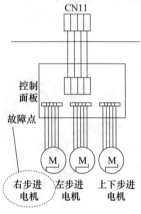

图 4-102　右步进电动机相关接线图

三十三、机型现象：KFRP-35GW 型空调不开机内机绿灯闪

修前准备：此类故障应用电压检测法进行检修，检修时重点检测主控板。

检修要点：检修时具体检测内机主板送到外机的电源电压是否正常、主控板上的开关变压器初级线圈是否开路。

资料参考：实际检修中因主控板损坏，更换后即可排除故障。

三十四、机型现象：KFRP-35GW 型空调指示灯不亮整机不工作

修前准备：此类故障应用电压检测法进行检修，检修时重点检测电源电路。

检修要点：检修时具体检测电源继电器是否能正常吸合、电源基板 AC-1 和 AC-3 插脚电压是否正常、插座 3P-1 和滤波磁环是否损坏。

资料参考：实际检修中因滤波磁环损坏，更换后即可排除故障。

课堂九 科龙空调器维修实训

一、机型现象：KF-23GW/ERVBN3 型空调制冷时间短，吹风时间长，压缩机频繁跳动

修前准备：此类故障应用直观检查法进行检修，检修时重点检测冷凝器。

检修要点：检修时打开机器检查冷凝器是否积灰较厚。

资料参考：实际检修中因冷凝器积灰较厚，清洗冷凝器后即可排除故障。

二、机型现象：KFP-35G/EQF 型空调制冷正常，但不能制热

修前准备：此类故障应用电阻及电压检测法进行检修，检修时重点检测四通阀驱动电路。

检修要点：检修时具体检测电源电压 220V 是否正常、电磁线圈阻值是否正常、继电器 K101 是否有 12V 电压输入、限流电阻 R124 是否开路。

资料参考：实际检修中因限流电阻 R124 开路，更换后即可排除故障。R124 相关电路如图 4-103 所示。

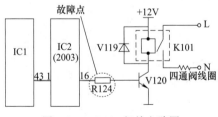

图 4-103 R124 相关电路图

三、机型现象：KFR-100LW 型空调不工作

修前准备：此类故障应用电压检测法进行检修，检修时重点检

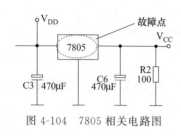

图 4-104　7805 相关电路图

测电源电路。

检修要点：检修时具体检测电源电压是否正常、7805 是否损坏。

资料参考：实际检修中因 7805 损坏，更换后即可排除故障。7805 相关电路如图 4-104 所示。

四、机型现象：KFR-100LW 型空调制冷异常

修前准备：此类故障应用直观检查法进行检修，检修时重点检测温度传感器。

检修要点：检修时打开室外机的外壳检查冷凝器前面的温度传感器是否掉落。

资料参考：实际检修中因温度传感器掉落，将其固定在正常位置后即可排除故障。

五、机型现象：KFR-100LW 型空调室外机工作不运行

修前准备：此类故障应用筐梳检查法进行检修，检修时重点检测 U1（2003）。

检修要点：检修时具体检测压缩机和室外风机是否损坏，继电器 RY1、RY2 是否损坏，U1（2003）是否损坏。

资料参考：实际检修中因 U1（2003）损坏，更换后即可排除故障。U1（2003）相关电路如图 4-105 所示。

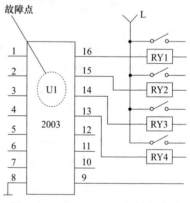

图 4-105　U1（2003）相关电路图

六、机型现象：KFR-100LW 型空调制冷效果差

修前准备：此类故障应用电阻检测法进行检修，检修时重点检

测室外传感器电路。

检修要点：检修时具体检测室外管温电阻 THR1 阻值是否正常。

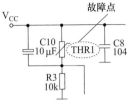

图 4-106　THR1 相关电路图

资料参考：实际检修中因 THR1 损坏，更换后即可排除故障。THR1 相关电路如图 4-106 所示。

七、机型现象：KFR-25GW/D 型空调不能遥控开机

修前准备：此类故障应用篦梳检查法进行检修，检修时重点检测内机电脑板。

检修要点：检修时具体检测遥控接收头是否损坏、室内机电脑板单片机是否不良。

资料参考：实际检修中因室内机电脑板上的单片机损坏，更换后即可排除故障。

※知识链接※　采用 TMP86P807N 单片机的科龙定频空调，当 TMP86P807N 损坏时，也会出现类似故障。TMP86P807N 技术资料如表 4-1 所示。

表 4-1　TMP86P807N 技术资料

脚号	引脚符号	引脚功能	备注
1	VSS	地	该集成电路为 CMOS 8 位微控制器，采用 SDIP28 脚封装
2	XIN	谐振器连接（为高频率的时钟）	
3	XOUT	谐振器连接（为高频率的时钟）	
4	TEST	测试	
5	V_{DD}	电源（5V）	
6	P21（XTIN）	输入与输出端［谐振器连接（32.768kHz），输入外部时钟］	
7	P22（XTOUT）	输入与输出端［谐振器连接（32.768kHz），输入外部时钟］	
8	$\overline{RESET}$	复位	

续表

脚号	引脚符号	引脚功能	备注
9	P20(STOP/INT5)	输入与输出端(停止模式释放信号输入/外部中断5输入)	
10	P00(TXD)	输入与输出端(异步发送数据输出)	
11	P01(RXD)	输入与输出端(异步接收数据输入)	
12	P02(SCLK)	输入与输出端(SEI串行时钟输入与输出)	
13	P03(MOSI)	输入与输出端(SEI主输入,从输出)	
14	P04(MISO)	输入与输出端(SEI主输入,从输出)	
15	P05(SS)	输入与输出端(SEI主/从选择输入)	
16	P06(INT3/PPG)	输入与输出端(外部中断3输入/可编程脉冲发生器输出)	
17	P07(INT4/TC1)	输入与输出端(外部中断4输入/定时与计数器1输入	
18	P10(INT0)	输入与输出端(外部中断0输入)	
19	P11(INT1)	输入与输出端(外部中断1输入)	
20	P12(DVO)	输入与输出端(分频器输出)	该集成电路为CMOS 8位微控制器,采用SDIP28脚封装
21	P30(PWM3/PDO3/TC3)	输入与输出端(脉冲宽度调制3输出/分频器3输出/定时器计数器3输入)	
22	P31(PWM4/PDO4/PPG4/TC4)	输入与输出端(脉冲宽度调制4输出/分频器4输出/可编程脉冲发生器4输出/计数器3输入)	
23	P32(AIN0)	输入与输出端(AD转换器模拟输入0)	
24	P33(AIN1)	输入与输出端(AD转换器模拟输入1)	
25	P34(AIN2/STOP2)	输入与输出端(AD转换器模拟输入2/停止信号)	
26	P35(AIN3/STOP3)	输入与输出端(AD转换器模拟输入3/停止信号)	
27	P36(AIN4/STOP4)	输入与输出端(AD转换器模拟输入4/停止信号)	
28	P37(AIN5/STOP5)	输入与输出端(AD转换器模拟输入5/停止信号)	

八、机型现象：KFR-25GW/D 型空调开机跳闸不能正常工作

修前准备：此类故障应用电阻检测法进行检修，检修时重点检测压缩机。

检修要点：检修时具体检测压缩机绕组阻值是否正常、风机是否短路。

资料参考：实际检修中因压缩机损坏，更换后即可排除故障。

九、机型现象：KFR-25GWD 型空调制冷效果不好

修前准备：此类故障应用电阻检测法和箟梳检查法进行检修，检修时重点检测室内管温电阻电路。

检修要点：检修时具体检测 RT1、RT2 是否损坏，电阻 R235、R234 是否不良。

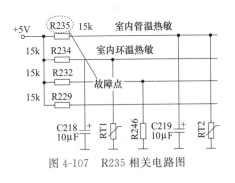

图 4-107　R235 相关电路图

资料参考：实际检修中因电阻 R235 损坏，更换后即可排除故障。R235 相关电路如图 4-107 所示。

十、机型现象：KFR-25GW 型空调操作面板按键和遥控均不能开机

修前准备：此类故障应用箟梳检查法进行检修，检修时重点检测复位电路。

检修要点：检修时具体检测电源保险丝是否损坏，电源变压器是否完好，时钟电路是否有异常，复位电路 R2、Q1、C15、C14 是否损坏。

资料参考：实际检修中因三极管 Q1 的 c-e 极间短路，更换 Q1 后即可排除故障。

十一、机型现象：KFR-25GW 型空调通电用遥控器开机不工作

修前准备：此类故障应用篦梳检查法进行检修，检修时重点检测电源控制电路。

检修要点：检修时具体检测熔断器是否完好，压敏电阻及电源降压变压器是否损坏。

资料参考：实际检修中因变压器损坏，更换后即可排除故障。

十二、机型现象：KFR-35A 型遥控器无液晶显示且不能发射遥控信号

修前准备：此类故障应用篦梳检查法进行检修，检修时重点检测遥控器。

检修要点：检修时具体检测液晶显示器与导电条接触是否不良、主芯片外围元件是否损坏、遥控器电池电量是否过低。

资料参考：实际检修中因遥控器电池电量不足，更换电池后即可排除故障。

十三、机型现象：KFR-35GA 型空调室内外机都不工作

修前准备：此类故障应用篦梳检查法进行检修，检修时重点检测压缩机电路。

检修要点：检修时具体检测压缩机电容是否失效。

图 4-108　压缩机电容

资料参考：实际检修中因压缩机电容失效，更换压缩机电容后即可排除故障。压缩机电容如图 4-108 所示。

十四、机型现象：KFR-35GW/EH 型空调插上电源后不能开机

修前准备：此类故障应用电压检测法进行检修，检修时重点检测电源电路。

检修要点：检修时具体检测电源电压是否正常、N102（78L05）是否损坏。

资料参考：实际检修中因 N102 损坏，更换后即可排除故障。N102 相关电路如图 4-109 所示。

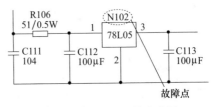

图 4-109　N102 相关电路图

十五、机型现象：KFR-35GW/EH 型空调室内机工运行

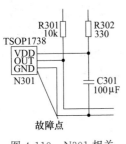

图 4-110　N301 相关
电路图

修前准备：此类故障应用替换法进行检修，检修时重点检测室内机。

检修要点：检修时首先将室内变压器更换，再检测 N301（TSOP1738）是否损坏。

资料参考：实际检修中因 N301 损坏，更换后即可排除故障。N301 相关电路如图 4-110 所示。

十六、机型现象：KFR-35GW/UF-N3 型空调接通电源无动作指示灯也不亮

修前准备：此类故障应用电压检测法进行检修，检修时重点检测电源部分。

检修要点：检修时具体检测 12V 稳压输出是否正常、5V 稳压输出是否正常。

资料参考：实际检修中因稳压块损坏，更换后即可排除故障。

十七、机型现象：KFR-35GW/VKJ-2 型空调开机后无任何反应，指示灯均不亮

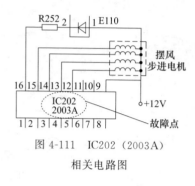

图 4-111　IC202（2003A）相关电路图

修前准备： 此类故障应用篦梳检查法进行检修，检修时重点检测 IC202。

检修要点： 检修时具体检测电源变压器、摆风步进电动机以及 IC202（2003A）是否损坏。

资料参考： 实际检修中因 IC202（2003A）损坏，更换后即可排除故障。IC202（2003A）相关电路如图 4-111 所示。

十八、机型现象：KFR-35GW 型空调内风机不能控制

修前准备： 此类故障应用电压检测法和篦梳检查法进行检修，检修时重点检测风机控制电路。

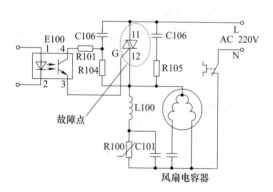

检修要点： 检修时具体检测其工作电压是否正常、风机风叶是否被卡住、移相电容和离心风扇是否损坏、双向可控硅 T1 与 T2

是否断路。

资料参考：实际检修中因双向可控硅损坏，更换后即可排除故障。

十九、机型现象：KFR-35 分体空调器用遥控器开机，室内风机不转

修前准备：此类故障应用篦梳检查法进行检修，检修时重点检测室内风机驱动电路板。

检修要点：检修时具体检测控制风机双向可控硅 G 极是否有输入信号、T1 与 T2 之间是否开路。

资料参考：实际检修中因双向可控硅损坏，更换后即可排除故障。

二十、机型现象：KFR-50LW/EFVPN2 型空调室内、外机都不能启动

修前准备：此类故障应用电压检测法进行检修，检修时重点检测电源稳压电路。

检修要点：检修时重点检测电源电压是否正常、IC202（7805）是否损坏。

资料参考：实际检修中因 IC202（7805）损坏，更换后即可排除故障。IC202（7805）相关电路如图 4-112 所示。

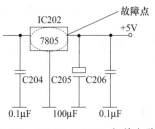

图 4-112　IC202（7805）相关电路图

二十一、机型现象：KFR-50LW/EFVPN2 型空调通电后整机不运行

修前准备：此类故障应用电压检测法进行检修，检修时重点检测电源电路。

检修要点：检修时具体检测电源电压是否正常，变压器 T1 及

保险丝 F201 是否损坏。

资料参考：实际检修中因变压器 T1 损坏，更换后即可排除故障。T1 相关电路如图 4-113 所示。

二十二、机型现象：KFR-50LW/EFVPN2 型空调制冷时温度仍比较高

修前准备：此类故障应用电阻检测法进行检修，检修时重点检测室外管温电阻 RT3。

检修要点：检修时具体检测室外管温电阻 RT3 阻值是否正常。

资料参考：实际检修中因室外管温电阻 RT3 损坏，更换后即可排除故障。RT3 相关电路如图 4-114 所示。

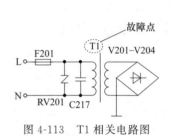

图 4-113　T1 相关电路图

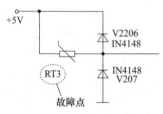

图 4-114　RT3 相关电路图

二十三、机型现象：KFR-50LW 柜机能制热，但一会儿即停

修前准备：此类故障应用电阻检测法进行检修，检修时重点检测管温热敏电阻。

图 4-115　管温热敏电阻

检修要点：检修时具体检测室内机管温热敏电阻 THR2 阻值是否正常。

资料参考：实际检修中因管温热敏电阻损坏，更换后即可排除故障。管温热敏电阻如图 4-115 所示。

二十四、机型现象：KFR-60LW 柜机按键及遥控均无效

修前准备：此类故障应用电压检测法进行检修，检修时重点检测电源驱动电路。

检修要点：检修时具体检测电源电压是否正常、电源驱动电路中压敏电阻 ZNR 是否损坏、保险丝是否烧坏。

资料参考：实际检修中因压敏电阻 ZNR 裂开，更换后即可排除故障。

二十五、机型现象：KFR-70 型空调开机运转 4min 左右室外机自动停机，同时室内保护灯红灯闪亮

修前准备：此类故障应用电压及电流检测法进行检修，检修时重点检测室内保护电路。

检修要点：检修时具体检测空载与负载电压是否正常、压缩机运转电流是否正常、室内管温热敏电阻阻值是否正常。

资料参考：实际检修中因管温热敏电阻损坏，更换后即可排除故障。

二十六、机型现象：KFR-70 型空调一开机保护指示灯亮，整机不工作

修前准备：此类故障应用篦梳检查法进行检修，检修时重点检测 U6。

检修要点：检修时具体检测 D1～D4 是否损坏，R26 是否损坏，U6 的第①、②脚所接保护二极管 D5 是否损坏。

资料参考：实际检修中因二极管 D5（IN4148）损坏，更换后

即可排除故障。D5 相关电路如图 4-116 所示。

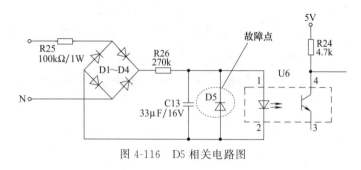

图 4-116　D5 相关电路图

二十七、机型现象：KFR-71QW/FY 型空调有异味

修前准备：此类故障应用篦梳检查法进行检修，检修时重点检测蒸发器。

检修要点：检修时具体检测室内外机运转是否正常，变压器及风机、控制板是否有异味，蒸发器是否霉变。

资料参考：实际检修中因蒸发器霉变，清洗蒸发器后即可排除故障。

二十八、机型现象：KFR-71QW/YF 型空调不能正常启动

修前准备：此类故障应用电流及电压检测法进行检修，检修时重点检测压缩机。

检修要点：检修时具体检测运行电流及电压是否正常、压缩机是否损坏。

资料参考：实际检修中因压缩机损坏，更换后即可排除故障。压缩机相关实物如图 4-117 所示。

二十九、机型现象：KFR-71QW/YF 型空调室内风机不运转

修前准备：此类故障应用电阻检测法进行检修，检修时重点检测室内风扇电动机。

检修要点：检修时具体检测室内风扇电动机绕组阻值是否正常。

资料参考：实际检修中因风扇电动机损坏，更换后即可排除故障。风扇电动机如图4-118所示。

图 4-117 压缩机

图 4-118 风扇电动机

三十、机型现象：KFR-71QW/YF型空调制冷和制热效果不好

修前准备：此类故障应用电阻检测法进行检修，检修时重点检测摆风电动机。

检修要点：检修时具体检测摆风电动机绕组阻值是否正常。

资料参考：实际检修中因摆风电动机损坏，更换后即可排除故障。摆风电动机如图4-119所示。

图 4-119 摆风电动机

三十一、机型现象：KFR-73 柜式空调器室外机运转几分钟后自动停机，同时室内运行指示灯闪亮

修前准备：此类故障应用电压检测法进行检修，检修时重点检测压缩机。

检修要点：检修时具体检测电源空载电压是否正常、压缩机线圈与电容是否正常。

资料参考：实际检修中因压缩机损坏，更换后即可排除故障。

三十二、机型现象：KFR-73 型空调插上电源运行灯和除霜灯闪亮，蜂鸣器发出蜂鸣声，操作板所有开关不起作用

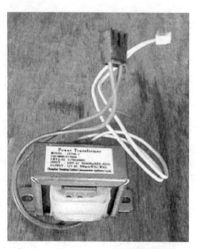

图 4-120　变压器

修前准备：此类故障应用替换法进行检修，检修时重点检测室外控制电路。

检修要点：检修时首先将室内外电路板更换、再检查室内电源与信号线是否正常、室外电路控制部分变压器是否损坏。

资料参考：实际检修中因变压器损坏，更换后即可排除故障。变压器如图 4-120 所示。

三十三、机型现象：KL-26 型空调开机后室内风机不转

修前准备：此类故障应用篦梳检查法进行检修，检修时重点检测风机控制电路。

检修要点：检修时具体检测压缩机运转是否正常、主机电源是否有异常、驱动 IC（ULN2003A）是否损坏。

资料参考：实际检修中因驱动 IC（ULN2003A）损坏，更换后即可排除故障。IC（ULN2003A）相关电路如图 4-121 所示。

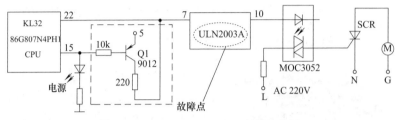

图 4-121 IC（ULN2003A）相关电路图

课堂十 美的空调器故障维修实训

一、机型现象：KC-20（25）Y 型空调室外机工作异常

修前准备：此类故障应用电阻检测法进行检修，检修时重点检测压缩机电路。

检修要点：检修时具体检测压缩机线圈阻值是否正常、摆风电动机是否损坏。

资料参考：实际检修中因压缩机损坏，更换后即可排除故障。压缩机相关电路如图 4-122 所示。

二、机型现象：KF-32GW/11Y 型空调上电无显示，不工作

修前准备：此类故障应用电阻检测

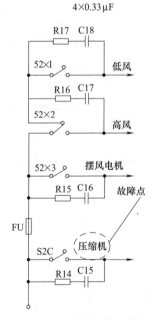

图 4-122 压缩机相关电路图

法和电压检测法进行检修，检修时重点检测室内主板。

检修要点：检修时具体检测室内机电源变压器初、次级阻值是否正常，三端稳压器 7812、7805 是否分别有 12V、5V 电压输出，室内主板是否损坏。

资料参考：实际检修中因室内主板损坏，更换后即可排除故障。

三、机型现象：KF-7.5LW 型空调室内机板不工作

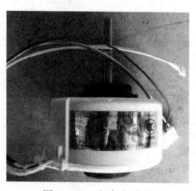

图 4-123　室内电动机

修前准备：此类故障应用电阻检测法进行检修，检修时重点检测室内电动机。

检修要点：检修时具体检测室内机主控板上的 5A/250V 熔丝是否熔断、室内风机电动机电阻值是否正常。

资料参考：实际检修中因室内风机电动机损坏，更换后即可排除故障。室内电动机如图 4-123 所示。

四、机型现象：KF-71LW/Y-S 型空调漏水

修前准备：此类故障应用篦梳检查法进行检修，检修时重点检测排水系统。

检修要点：检修时具体检测连接管是否破裂、排水管是否用胶带包扎好。

资料参考：实际检修中因排水管未包好，将其包扎好后即可排除故障。

五、机型现象：KFC-20×2GW/X 型空调开 A 机压缩机启停频繁不制冷

修前准备：此类故障应用电流检测法进行检修，检修时重点检

测 A 机控制电路或制冷管路。

检修要点：检修时具体检测工作电流是否正常、蒸发器温度是否正常、RL301 动触点是否吸合。

资料参考：实际检修中因 RL301 损坏，更换后即可排除故障。

六、机型现象：KFC-20×2GW/X 型空调室外压缩机及风机不运转

修前准备：此类故障应用电阻检测法进行检修，检修时重点检测室外机控制部分及压缩机等部位。

检修要点：检修时具体检测压缩机各绕组阻值是否正常，启动电容是否正常，继电器 RL301、RL302、RL303 吸合是否正常，NE555 工作是否正常，电容 C302 是否损坏。

资料参考：实际检修中因电容 C302 内部漏电，更换后即可排除故障。

七、机型现象：KFR-120LW/K2SDY 型空调制热效果差

修前准备：此类故障应用电阻检测法进行检修，检修时重点检测室内管温传感器。

检修要点：检修时具体检测风扇电动机是否损坏、管温传感器阻值是否正常。

资料参考：实际检修中因管温传感器损坏，更换后即可排除故障。管温传感器如图 4-124 所示。

图 4-124　管温传感器

八、机型现象：KFR-120LW/SDY-GC（R3）型空调室内机不工作

修前准备：此类故障应用电压检测法进行检修，检修时重点检测室内机。

检修要点：检修时具体检测室内机电源电压是否正常、电源线是否损坏、开关电源是否有异常。

资料参考：实际检修中因电源线损坏，更换后即可排除故障。电源线相关接线如图 4-125 所示。

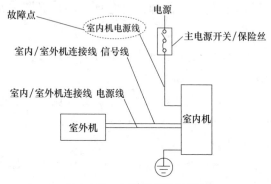

图 4-125   电源线相关接线图

九、机型现象：KFR-120Q/SDY-B（E2）型空调上电无指示，不工作

修前准备：此类故障应用电压检测法进行检修，检修时重点检测室内主板。

检修要点：检修时具体检测室内机电源电压是否正常、室内机主板是否损坏。

资料参考：实际检修中因室内机主板损坏，更换后即可排除故障。室内机主板如图 4-126 所示。

十、机型现象：KFR-23GW/I1Y 型空调制热效果差

修前准备：此类故障应用电流及电压检测法进行检修，检修时重点检测毛细管。

检修要点：检修时具体检测空调工作电流及电压是否正常、毛细管是否结霜。

图 4-126　室内机主板

资料参考：实际检修中因毛细管堵塞，更换毛细管后即可排除故障。

十一、机型现象：KFR-23GW/P 型空调保护停机

修前准备：此类故障应用电压检测法进行检修，检修时重点检测霍尔电路。

检修要点：检修时具体检测霍尔电路供电电压是否为 12V、R39 和 D8 是否正常、电容 C23 是否漏电。

资料参考：实际检修中因电容 C23 漏电，更换后即可排除故障。

十二、机型现象：KFR-23GWY 型空调不制冷

修前准备：此类故障应用电阻检测法进行检修，检修时重点检测光耦 Q1。

检修要点：检修时具体检测 Q1（TLP3507）的第③、④脚的正反向电阻值是否无穷大。

资料参考：实际检修中因光耦 Q1（TLP3507）损坏，更换后即可排除故障。

十三、机型现象：KFR-25GW/Y 型空调不工作

修前准备：此类故障应用电压检测法进行检修，检修是重点检测电源电路。

检修要点：检修时具体检测电源电压是否正常、FS1 是否烧断、T1 是否损坏、IC3 及 IC2 是否有异常。

资料参考：实际检修中因 IC3（7812）损坏，更换后即可排除故障。IC3（7812）相关电路如图 4-127 所示。

十四、机型现象：KFR-25GW/Y 型空调不制冷

修前准备：此类故障应用篦梳检查法进行检修，检修时重点检测压缩机控制电路。

检修要点：检修时具体检测压缩机是否损坏，继电器 RL1、RL3、RL2 是否损坏，N3（2003）是否损坏。

资料参考：实际检修中因 N3（2003）损坏，更换后即可排除故障。N3（2003）相关电路如图 4-128 所示。

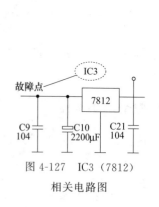

图 4-127 IC3（7812）相关电路图

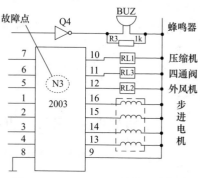

图 4-128 N3（2003）相关电路图

十五、机型现象：KFR-25G 型空调不制热

修前准备：此类故障应用电压检测法和篦梳检查法进行检修，检修时重点检测四通阀电路。

检修要点：检修时具体检测四通阀电磁线圈两端是否无电压、Q13 是否开路、RL1 是否不良。

资料参考：实际检修中因 Q13 开路，更换后即可排除故障。

十六、机型现象：KFR-25G 型空调高、中、低挡键，风机转速不能改变

修前准备：此类故障应用直观检查法进行检修，检修时重点检测风机电压调整电路。

检修要点：检修时打开机盖检查 Q17 是否损坏。

资料参考：实际检修中因 Q17 开路，更换后即可排除故障。

十七、机型现象：KFR-25G 型空调开机不启动

修前准备：此类故障应用篦梳检查法进行检修，检修时重点检测室外机。

检修要点：检修时具体检测压缩机是否损坏、室外风机是否不良、XP203 是否损坏。

资料参考：实际检修中因压缩机损坏，更换后即可排除故障。压缩机相关接线如图 4-129 所示。

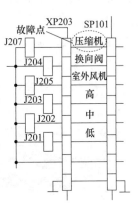

图 4-129　压缩机相关接线图

十八、机型现象：KFR-25 分体空调接通电源后按风速选择键，运行指示灯亮，但风速不变化

修前准备：此类故障应用电阻检测法进行检修，检修时重点检

测双向可控硅。

检修要点：检修时具体检测 T1、T2 之间的阻值是否正常。

资料参考：实际检修中因双向可控硅击穿，更换后即可排除故障。

十九、机型现象：KFR-32GW/Y-T4 型空调不制冷

修前准备：此类故障应用电压检测法与电流检修法进行检修，检修时重点检测制冷系统。

检修要点：检修时具体检测电源电压 220V 是否正常、整机电流是否偏大、毛细管出口处是否结霜、过滤器是否脏堵。

资料参考：实际检修中因过滤器脏堵，更换后即可排除故障。过滤器如图 4-130 所示。

二十、机型现象：KFR-32GW/Y 型空调不工作

修前准备：此类故障应用电压检测法进行检修，检修时重点检测电源电路。

检修要点：检修时具体检测电源电压是否正常、变压器 T1 是否损坏。

资料参考：实际检修中因变压器 T1 损坏，更换后即可排除故障。T1 相关电路如图 4-131 所示。

图 4-130 过滤器

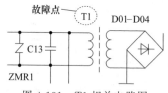

图 4-131 T1 相关电路图

二十一、机型现象：KFR-32GW/Y 型空调制热效果差

修前准备：此类故障应用篦梳检查法进行检修，检修时重点检

测单向阀。

检修要点：检修时具体检测高压管压力是否正常、系统是否缺氟、单向阀是否损坏。

资料参考：实际检修中因单向阀损坏，更换后即可排除故障。单向阀如图 4-132 所示。

图 4-132 单向阀

二十二、机型现象：KFR-33GW/CY 型空调制冷效果差

修前准备：此类故障应用篦梳检查法进行检修，检修时重点检测毛细管分配器。

检修要点：检修时具体检测空调电源电压是否正常、蒸发器上下部分温差是否较大、系统是否缺氟、毛细管分配器是否焊堵。

资料参考：实际检修中因毛细管分配器焊堵，更换分配器后即可排除故障。

二十三、机型现象：KFR-36（43）GW/Y 型空调室内机不工作

修前准备：此类故障应用篦梳检查法进行检修，检修时重点检测风扇电动机。

检修要点：检修时具体检测风扇电动机是否损坏、室内变压器是否有异常、主控板是否不良。

资料参考：实际检修中因风扇电动机损坏，更换后即可排除故障。风扇电动机相关接线如图 4-133 所示。

二十四、机型现象：KFR-36（43）GW/Y 型空调室外机正常运行后半个小时左右压缩机停机不再启动

修前准备：此类故障应用电阻检测法和电压检测法进行检修，检修时重点检测压缩机启动电容。

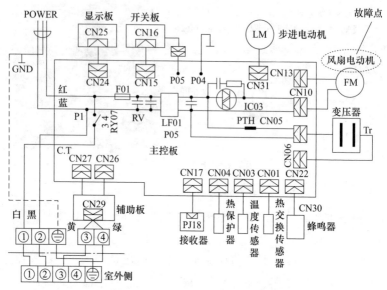

图 4-133　风扇电动机相关接线图

　　检修要点：检修时具体检测压缩机线圈阻值及电源电压是否正常，过载保护器及压缩机启动电容是否损坏。

　　资料参考：实际检修中因压缩机启动电容损坏，更换后即可排除故障。压缩机启动电容相关接线如图 4-134 所示。

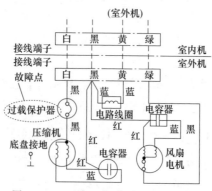

图 4-134　压缩机启动电容相关接线图

二十五、机型现象：KFR-36GW/Y 型空调不能制冷

修前准备：此类故障应用篦梳检查法进行检修，检修时重点检测内风机电路。

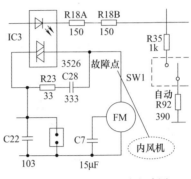

检修要点：检修时具体检测内风机及风机启动电容是否损坏。

资料参考：实际检修中因内风机损坏，更换后即可排除故障。内风机相关电路如图4-135所示。

图 4-135　内风机相关电路图

二十六、机型现象：KFR-36GW/Y 型空调不制热

修前准备：此类故障应用电压检测法进行检修，检修时重点检测三端稳压块。

检修要点：检修时具体检测电源插座是否有 220V 交流电压输出、次级是否有 14V 交流电压输出、三端稳压块 7812 是否有 12V 直流电压输出。

资料参考：实际检修中因三端稳压块 7812 损坏，更换后即可排除故障。

二十七、机型现象：KFR-36GW/Y 型空调开机后不能正常工作

修前准备：此类故障应用篦梳检查法进行检修，检修时重点检测过零检测电路。

检修要点：检修时具体检测 Q05、Q04 是否损坏，电阻 R08、R09、R10 是否开路。

资料参考：实际检修中因 Q05 损坏，更换后即可排除故障。

Q05 相关电路如图 4-136 所示。

二十八、机型现象：KFR-36GW/Y 型空调通电后无任何反应

修前准备：此类故障应用电压检测法进行检修，检修时重点检测供电电路。

检修要点：检修时具体检测电源电压是否正常，保险管是否烧坏，R41、R42 是否损坏，D6 是否不良。

资料参考：实际检修中因 R41、R42 损坏，更换后即可排除故障。R41、R42 相关电路如图 4-137 所示。

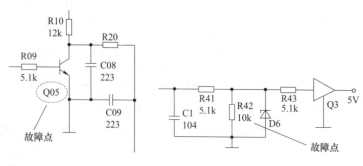

图 4-136　Q05 相关电路图　　　图 4-137　R41、R42 相关电路图

二十九、机型现象：KFR-36GW/Y 型空调制冷效果差

修前准备：此类故障应用电压检测法进行检修，检修时重点检测 IC2（2003）。

检修要点：检修时具体检测电源电压是否正常、继电器 RL1 是否损坏、摆风电动机是否损坏、IC2（2003）是否损坏。

资料参考：实际检修中因 IC2（2003）损坏，更换后即可排除故障。IC2（2003）相关电路如图 4-138 所示。

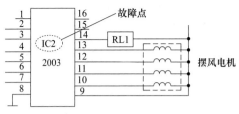

图 4-138　IC2（2003）相关电路图

三十、机型现象：KFR-36GW/Y 型空调制冷制热正常，除霜功能失效

修前准备：此类故障应用电压检测法和电阻检测法进行检修，检修时重点检测除霜控制电路及相关部位。

检修要点：检修时具体检测 5V 电压是否正常、温度传感器 TC 是否有异常、R2 的阻值是否为 8.06kΩ。

资料参考：实际检修中因电阻 R2 损坏，更换后即可排除故障。

三十一、机型现象：KFR-46LW/DY 型空调不能开机

修前准备：此类故障应用电压检测法和电阻检测法进行检修，检修时重点检测 LM324N。

检修要点：检修时具体检测 LM324N 第④脚的 14V 电压是否正常、各功率继电器线圈电阻 160Ω 是否正常。

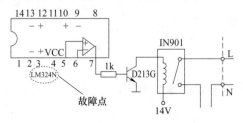

图 4-139　LM324N 相关电路图

资料参考：实际检修中因 LM324N 性能不良，更换后即可排除故障。LM324N 相关电路如图 4-139 所示。

三十二、机型现象：KFR-50LW/EDY 型空调制冷时外风机不工作

修前准备：此类故障应用电压检测法进行检修，检修时重点检测开关显示板。

检修要点：检修时具体检测室内外控制信号线的第三号线与 N 线间是否有 AC220V 电压、室内机主控板是否有控制电压输出、开关显示板是否有 5V 控制信号输出。

资料参考：实际检修中因开关显示板损坏，更换后即可排除故障。

三十三、机型现象：KFR-50LW/ED 型空调开机后不工作，显示故障代码"E01"

修前准备：此类故障应用电阻检测法进行检修，检修时重点检测室外传感器及相关部位。

检修要点：检修时具体检测传感器阻值是否正常。

资料参考：实际检修中因传感器损坏，更换后即可排除故障。传感器如图 4-140 所示。

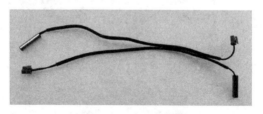

图 4-140　传感器

三十四、机型现象：KFR-71LW/DY-N（E5）型空调制冷效果差

修前准备：此类故障应用电压检测法和篦梳检查法进行检修，

检修时重点检测制冷系统。

检修要点：检修时具体检测电源电压是否为 220V、风机电容是否正常、毛细管是否结霜、分配器是否焊堵。

资料参考：实际检修中因毛细管脏堵，更换后即可排除故障。毛细管如图 4-141 所示。

图 4-141　毛细管

三十五、机型现象：KFR-71LW/DY-S 型空调冬天开机只能制冷

修前准备：此类故障应用电阻检测法进行检修，检修时重点检测四通阀。

检修要点：检修时具体检测四通阀线圈的电阻值及供电是否正常。

资料参考：实际检修中因四通阀损坏，更换后即可排除故障。

三十六、机型现象：KFR-71LW 型空调制热运行中，保险丝烧断

图 4-142　压缩机运行电容

修前准备：此类故障应用电流检测法进行检修，检修时重点检测压缩机及启动电路。

检修要点：检修时用钳形表具体检测工作电流是否正常、压缩机运行电容是否漏电。

资料参考：实际检修中因压缩机运行电容损坏，更换后即可排除故障。压缩机运行电容如图 4-142 所示。

三十七、机型现象：KFR-71QW/Y 型空调不制冷

修前准备：此类故障应用电流检测法进行检修，检修时重点检测压缩机。

检修要点：检修时具体检测压缩机启动电流是否正常、启动电容是否损坏。

资料参考：实际检修中因压缩机损坏，更换后即可排除故障。

三十八、机型现象：KFR-72LW 型柜机制冷/制热效果均差

图 4-143　四通阀

修前准备：此类故障应用箆梳检查法进行检修，检修时重点检测制冷系统。

检修要点：检修时具体检测制冷剂是否不足、四通阀是否损坏。

资料参考：实际检修中因四通阀损坏，更换后即可排除故障。四通阀如图 4-143 所示。

三十九、机型现象：KFR-75GW 型空调整机工作不正常

修前准备：此类故障应用电压检测法和箆梳检查法进行检修，检修时重点检测复位电路。

检修要点：检修时具体检测电源电压是否正常、电控板上的 7805 集成三端稳压器是否有 5V 直流电压输出、电阻 R1 是否损坏、T1 是否

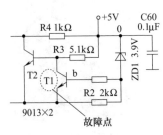

图 4-144　T1 相关电路图

损坏。

资料参考：实际检修中因 T1 开路，更换后即可排除故障。T1 相关电路如图 4-144 所示。

四十、机型现象：KFR-75LW/B（D）型柜式空调开机后不能制冷，也不能制热，控制不起作用

修前准备：此类故障应用电压检测法和篦梳检查法进行检修，检修时重点检测主机控制电路。

检修要点：检修时用万用表检测 U8 的第③脚输出电压是否为 12V、U7 第③脚电压是否正常、U5 是否短路。

资料参考：实际检修中因 U7、U5 短路，更换后即可排除故障。

四十一、机型现象：KFR-75LW/B（D）型空调不开机

修前准备：此类故障应用电压检测法进行检修，检修时重点检测室内机控制板。

检修要点：检修时具体检测电源电压是否正常、三端稳压器 7805 是否有 5V 直流电压输出、主芯片 V6 是否损坏。

资料参考：实际检修中因主芯片 V6 损坏，更换后即可排除故障。

四十二、机型现象：KFR-75LW/B（D）型空调开机后室外机不工作，故障指示灯亮

修前准备：此类故障应用电压检测法进行检修，检修时重点检测微处理器控制电路。

检修要点：检修时具体检测室外机 12V 和 5V 电源电压是否正常、微处理器 U14 是否能正常工作、C64 和 C63 是否不良。

资料参考：实际检修中因电容 C64 不良，更换后即可排除

故障。

四十三、机型现象：KFR-75LW/B 型空调开机后室外风机不转

修前准备：此类故障应用电压检测法进行检修，检修时重点检测室外机供电及控制电路。

检修要点：检修时具体检测微处理器 U14 的第⑬、㉕脚是否有风机驱动信号波形，晶闸管输入脚是否有电压，U16 第⑩脚外接电阻 R101 是否不良。

资料参考：实际检修中因电阻 R101 引脚虚焊，重新补焊后即可排除故障。

四十四、机型现象：KFR-75LW/C 型空调不工作

修前准备：此类故障应用笆梳检查法进行检修，检修时重点检测高压开关板和线路板。

检修要点：检修时具体检测高压开关 S 是否完好、光耦 U19 是否正常、电阻 R126 是否开路。

资料参考：实际检修中因电阻 R126 开路，更换后即可排除故障。R126 相关电路如图 4-145 所示。

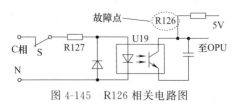

图 4-145　R126 相关电路图

四十五、机型现象：KFR-75LW/ED 型空调不制热

修前准备：此类故障应用笆梳检查法进行检修，检修时重点检测交流接触器。

检修要点：检修时具体检测室内主板四通阀继电器及压缩机继

电器是否有输出信号、集成电路 2003 是否无输出、交流接触器线圈是否良好。

资料参考：实际检修中因交流接触器损坏，更换后即可排除故障。交流接触器如图 4-146 所示。

四十六、机型现象：KFR-75LW/ED 型空调上电无显示

修前准备：此类故障应用电压检测法进行检修，检修时重点检测室内电动机。

检修要点：检修时具体检测交流电压输入是否正常、室内电动机线圈是否有轻微短路。

资料参考：实际检修中因电动机短路，更换电动机后即可排除故障。电动机如图 4-147 所示。

图 4-146　交流接触器　　　　　图 4-147　电动机

四十七、机型现象：KFR-75LW/E 柜式空调开机后整机保护，显示故障代码"E01"

修前准备：此类故障应用电阻检测法和篦梳检查法进行检修，检修时重点检测温度检测电路。

检修要点：检修时具体检测室温传感器电阻值是否正常，

C22、C23 及 C24 是否损坏，R30、R32 是否损坏，RT1 和 RT2 是否损坏。

资料参考：实际检修中因 RT1 损坏，更换后即可排除故障。RT1 相关电路如图 4-148 所示。

四十八、机型现象：KFR-75LW/E 型空调开机无反应

修前准备：此类故障应用电流检测法进行检修，检修时重点检测电容 C2。

检修要点：检修时具体检测运行电流是否正常、电容 C2 是否损坏。

资料参考：实际检修中因电容 C2 损坏，更换后即可排除故障。C2 相关电路如图 4-149 所示。

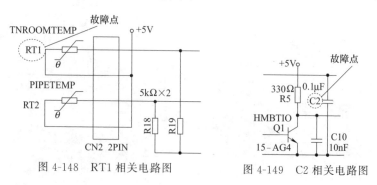

图 4-148　RT1 相关电路图　　　　图 4-149　C2 相关电路图

四十九、机型现象：KFR-75LW/E 型空调制冷效果不太好，风速无明显变化

修前准备：此类故障应用电压检测法和电流检测法进行检修，检修时重点检测蒸发器。

检修要点：检修时具体检测电压是否为 AC220V、电流是否为 15A、风扇电动机或电动机启动电容是否损坏、过滤网和蒸发器是否脏堵。

资料参考：实际检修中因蒸发器脏堵，清除蒸发器脏物后即可排除故障。蒸发器如图 4-150 所示。

五十、机型现象：KFR-75LW 柜式空调不制冷

修前准备：此类故障应用电阻检测法进行检修，检修时重点检测压缩机。

检修要点：检修时具体检测压缩机线圈阻值是否正常、交流接触器是否损坏、压缩机电容是否良好。

资料参考：实际检修中因压缩机损坏，更换后即可排除故障。压缩机如图 4-151 所示。

图 4-150　蒸发器

图 4-151　压缩机

五十一、机型现象：KFR-75LW 柜式空调器开机后无反应且无显示

修前准备：此类故障应用电压检测法和篦梳检查法进行检修，检修时重点检测控制接收电路。

检修要点：检修时具体检测电源电压是否正常，光敏晶体管

Q1 是否遥控信号输入，C3、C2、C1 是否良好。

资料参考：实际检修中因电容 C2 漏电，更换后即可排除故障。C2 相关电路如图 4-152 所示。

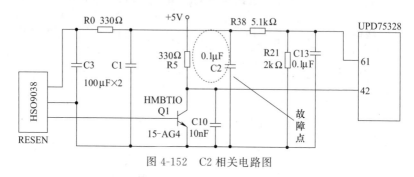

图 4-152　C2 相关电路图

五十二、机型现象：KFR-75LW 型柜式空调开机后压缩机不工作

修前准备：此类故障应用电压检测法和电阻检测法进行检修，检修时重点检测电流检测电路。

检修要点：检修时具体检测电源电压是否正常，压缩机启动电容及压缩机线圈是否良好，电阻 R312、R322 阻值是否正常，滤波电容 C302 是否良好，整流二极管 D305 是否损坏。

资料参考：实际检修中因二极管 D305 损坏，更换后即可排除故障。D305 相关电路如图 4-153 所示。

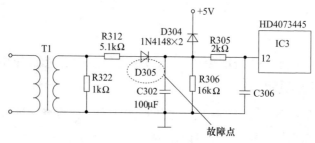

图 4-153　D305 相关电路图

五十三、机型现象：KFR-75LW 型空调整机不工作

修前准备：此类故障应用电压检测法进行检修，检修时重点检测晶振电路。

检修要点：检修时具体检测漏电保护器下口电源电压是否正常、电控板是熔断器是否良好、7805 集成三端稳压器是否有 5V 直流电压输出、电容 C1 是否不良。

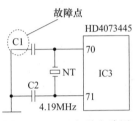

图 4-154　C1 相关电路图

资料参考：实际检修中因电容 C1漏电，更换后即可排除故障。C1 相关电路如图 4-154 所示。

课堂十一　三洋空调器维修实训

一、机型现象：KF-34GW 型空调开机无反应

修前准备：此类故障应用电阻检测法进行检修，检修时重点检测室内管温传感器。

检修要点：检修时具体检测变压器初、次级插头阻值是否正常，管温传感器阻值是否变值。

资料参考：实际检修中因管温传感器损坏，更换后即可排除故障。

二、机型现象：KFR-25GW/D104+N3 型空调制冷一会儿便停机显示"E4"故障

修前准备：此类故障应用自诊检查法进行检修，检修时重点检测电源电路。

检修要点：检修时具体检测电源电压是否过低、电源线是否

过细。

资料参考：实际检修中因电源线过细，更换电源线后即可排除故障。

三、机型现象：KFR-35GW 型空调不工作

修前准备：此类故障应用电压检测法进行检修，检修时重点检测室内机控制板。

检修要点：检修时具体检测电源电压是否正常、室内机控制板是否损坏。

资料参考：实际检修中因室内机控制板损坏，更换后即可排除故障。室内机控制板如图 4-155 所示。

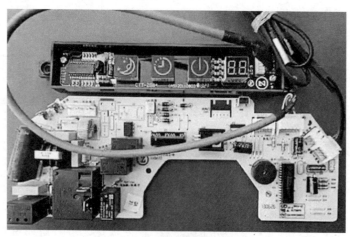

图 4-155　室内机控制板

四、机型现象：KFR-72LW/N33+N3 型空调不制冷

修前准备：此类故障应用篦梳检查法进行检修，检修时重点检测压缩机。

检修要点：检修时具体检测压缩机及风机电动机是否损坏、系统是否缺氟。

资料参考：实际检修中因压缩机损坏，更换后即可排除故障。压缩机如图 4-156 所示。

五、机型现象：KFRD-35GW/M1-C 型空调不制冷

修前准备：此类故障应用电压检测法和篦梳检查法进行检修，检修时重点检测制冷系统。

检修要点：检修时具体检测电源电压是否正常、四通阀是否损坏、毛细管是否堵塞。

资料参考：实际检修中因四通阀损坏，更换后即可排除故障。四通阀如图 4-157 所示。

图 4-156　压缩机

图 4-157　四通阀

六、机型现象：KFRD-35GW 型空调不启动

修前准备：此类故障应用电压检测法进行检修，检修时重点检测电源电路。

检修要点：检修时具体检测电源插座电压是否正常、保险丝是否烧坏、变压器线圈是否有异常。

资料参考：实际检修中因电源变压器损坏，更换后即可排除故障。电源变压器如图 4-158 所示。

七、机型现象：SAP-AC265H 型空调不制热

图 4-158　电源变压器

修前准备：此类故障应用篦梳检查法进行检修，检修时重点检测电辅加热器。

检修要点：检修时具体检测过滤网是否堵塞、四通阀是否串气、电辅加热器是否损坏。

资料参考：实际检修中因电辅加热器损坏，更换后即可排除故障。

八、机型现象：SAP-DRVC262H 型空调不制冷

修前准备：此类故障应用篦梳检查法进行检修，检修时重点检测制冷系统。

检修要点：检修时具体检测压缩机启动电容是否损坏、压缩机是否有异常、四通阀是否损坏、系统是否缺氟。

资料参考：实际检修中因压缩机损坏，更换后即可排除故障。

课堂十二 志高空调器维修实训

一、机型现象：KFR-32GW/AD 型空调制热时无热气

修前准备：此类故障应用篦梳检查法进行检修，检修时重点检测传感器。

检修要点：检修时具体检测室内电控板上的压缩机、四通阀及室外风机输出端是否有输出信号、管温传感器阻值是否正常。

资料参考：实际检修中因管温传感器损坏，更换后即可排除故障。管温传感器如图 4-159 所示。

二、机型现象：KFR-25GW/VD 型空调制冷效果差

修前准备：此类故障应电流检测法进行检修，检修时重点检测压缩机。

检修要点：检修时具体检测压缩机电流是否偏小、制冷剂是否过少。

资料参考：实际检修中因压缩机损坏，更换后即可排除故障。压缩机如图 4-160 所示。

图 4-159　管温传感器

图 4-160　压缩机

三、机型现象：KF-25GW/D94+N3 型空调不工作

修前准备：此类故障应用电压检测法进行检修，检修时重点检测电源电路。

检修要点：检修时具体检测供电电压是否为 220V、变压器次级输出电压是否正常。

资料参考：实际检修中因变压器损坏，更换后即可排除故障。变压器如图 4-161 所示。

四、机型现象：KFR-51LW 型空调不制冷

修前准备：此类故障应用篦梳检查法进行检修，检修时重点检测压缩机。

检修要点：检修时具体检测压缩机是否卡缸、压缩机启动电容是否损坏。

资料参考：实际检修中因压缩机损坏，更换后即可排除故障。

五、机型现象：KFR-51LW/N33+N3 型空调冷气断断续续

修前准备：此类故障应用篦梳检查法进行检修，检修时重点检测电磁阀。

检修要点：检修时具体检测风机开关是否损坏、风机电动机是否有故障、压缩机线圈和电磁阀是否开路。

资料参考：实际检修中因电磁阀开路，更换后即可排除故障。电磁阀如图 4-162 所示。

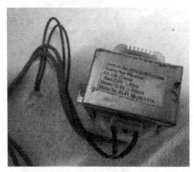

图 4-161 变压器

图 4-162 电磁阀

Chapter 05

第五讲 ──≫

维修职业化训练课外阅读

课堂一 根据代码或指示找故障

一、LG LP-G2055HT 柜式空调器故障代码

代　　码	故　　障	备　　注
CH0	室内温度控制器断路或短路	
CH1	室内盘管温度传感器断路或短路	

二、TCL KFR-34GW/E5 分体式空调器故障代码

代　　码	故　　障	备　　注
E1	室内温度传感器有故障	
E2	内盘管温度传感器有故障	
E3	外盘管温度传感器有故障	
E4	未接到室内机风扇电动机反馈信号	
E7	压缩机保护	

三、奥克斯（AUX）KF（R）-70LW/FS 空调器故障代码

代码	故　　障	备　　注
E1	室内温度控制器不正常	
E2	室外温度控制器不正常	此故障代码同时适用于奥克斯 KFR-32GW/EQ4-D4、KF（R）-46LW/DS、KF（R）-50LW/DS、KF（R）-60LW/DS、KF（R）-70LW/DS、KF（R）-46LW/FS、KF（R）-50LW/FS、KF（R）-60LW/FS、KF（R）-70LW/FS 型空调器
E3	室内盘管温度控制器不正常	
E4	室外机印制电路板通信不正常	
E5	室外压缩机过载保护	
E6	室外三相相序不符或缺相	
E7	过流保护	
E8	压缩机排气盘管温度控制器有故障	
E9	压缩机排气管温度保护	

四、澳柯玛 KFR-27GW/A 空调器故障指示

定时灯	运行灯	故　障	备注
亮	闪亮 2 次/8s	室内环境温度控制器不正常	关机
亮	闪亮 1 次/8s	室内盘管温度传感器不正常	关机
亮	闪亮 3 次/8s	室外盘管温度传感器不正常	关机
闪亮 3 次/8s	亮	室内风机不正常	所有模式
闪亮 4 次/8s	亮	防冻结/超载	运行
无不正常	亮 1.5s 灭 0.5s 闪烁	除霜/防冷风	运行
无不正常	闪亮 5 次/8s	抽湿于监测区	运行
闪亮 6 次/8s	亮	制冷剂不足	开关机

五、澳柯玛 KFR-35GW/A 空调器故障指示

指示灯(利用温度指示灯的灯位显示)										故障	备　注
30	29	28	27	26	25	24	23	22	21		
闪	闪	灭	灭	灭	灭	灭	灭	灭	亮	制冷剂不足	此故障指示同时适用于 KFR-33GW/B 型号空调器
闪	闪	灭	灭	灭	灭	灭	灭	亮	灭	室温传感器短路	
闪	闪	灭	灭	灭	灭	灭	灭	亮	亮	室温传感器断路	
闪	闪	灭	灭	灭	灭	灭	亮	灭	灭	室内盘管温度传感器短路	
闪	闪	灭	灭	灭	灭	灭	亮	灭	亮	室内盘管温度传感器断路	
闪	闪	灭	灭	灭	灭	灭	亮	亮	灭	室外盘管温度传感器短路	
闪	闪	灭	灭	灭	灭	灭	亮	亮	亮	室外盘管温度传感器断路	
闪	闪	灭	灭	灭	灭	亮	灭	灭	灭	室内风机故障	

六、长虹 KF-40GW/Q1、KFR-40GW/Q1、KFR-40GW/DQ1、KF-35GW/Q1 空调器故障代码

代码	故　障	备　注
E0	正常工作	此故障代码同时适用于长虹 KFR-35GW/Q1、KFR-35GW/DQ1、 KFR-40GW/DQ、KF-40GW/Q、KFR-40GW/Q、KFR-35GW/DQ、KF-35GW/Q、KFR-35GW/Q、KF-35GW/J、KFR-35GW/J、KFR-35GW/DJ、KF-32GW/J、KFR-32GW/J、KFR-32GW/DJ、KF-35GW/P2、KFR-35GW/P2、KFR-35GW/DP2、KF-32GW/P2、KFR-32GW/P2、KFR-32GW/DP2、KF-35GW/P、KFR-35GW/P、KFR-35GW/DP、KF-32GW/P、KFR-32GW/P、KFR-32GW/DP 型号空调器
F1	室温传感器有问题	
F2	室内盘管温度传感器有问题	
F3	外盘传感器有问题	
P1	制冷过载	
P2	制热过载	

七、长虹 KF-50LW/F、KFR-50LW/DF、KF-70LW/F、KFR-70LW/DF、KF-50LW/H0 空调器故障代码

代码	故　　　障	备　　注
E0	工作正常	此故障代码同时适用于长虹 KFR-50LW/H0、KFR-50LW/DH0、KF-46LW/H0、KFR-46LW/H0、KFR-46LW/DH0、KF-71LW/G、KFR-71LW/DG、KF-51LW/G、KFR-51LW/DG、KF-70LW/H2、KFR-70LW/DH2、KFR-70LW/H2、KF-60LW/H2、KFR-60LW/DH2、KFR-60LW/H2、KF-50LW/H1、KFR-50LW/DH1、KFR-50LW/H1、KF-46LW/H1、KFR-46LW/DH1、KFR-46LW/H1、KF-45LW/H1、KFR-45LW/DH1 型号空调器
P1	制冷过载	
P2	制热过载	
F7	温度控制器有问题	
P5	系统不正常	

八、长虹 KFR-120LW/A 空调器故障代码

代码	故　　　障	备注
E0	工作正常	此故障代码同时适用于长虹 KFR-120LW/DA、KF-120LW/A 型号空调器
E1	不能通信	
P1	制冷过载	
P2	制热过载	
P8	系统不正常	

九、长虹 KFR-25GW/WCS 空调器故障指示

指　示　灯	故　　　障
上电时运行、待机、定时三灯同时以 5Hz 频率快速闪烁	E2RPOM 数读错误,空调器不运行
待机灯以 1Hz 频率闪烁	室温传感器相关线路异常,空调器以 24℃运行
运行灯以 1Hz 频率闪烁	室外盘管温度传感器相关线路异常,空调器停机
定时灯以 1Hz 频率闪烁	室内盘管温度传感器相关线路异常,空调器停机
定时灯以 5Hz 频率快速闪烁	PG 电动机相关线路异常,空调器停机

十、长虹 KFR-28W/BC3 空调器故障指示

空清灯	待机灯	定时灯	运转灯	故障(检查方法)	备注
灭	灭	灭	亮	串行通信不正常(查机组间配线及电源线 AC 220V/DC 310V 是否正常)	

续表

空清灯	待机灯	定时灯	运转灯	故障（检查方法）	备注
灭	灭	亮	灭	功率驱动过负荷保护（查是否为功率驱动不良而引起压缩机锁住，室外主板是否正常，外风机是否正常）	
灭	亮	灭	亮	室内盘管温度不正常（查传感器是否断路或短路）	
灭	亮	亮	灭	室内温度控制器不正常（查传感器是否断路或短路）	
灭	亮	亮	亮	压缩机温度控制器不正常（查传感器是否断路或短路）	
亮	灭	灭	灭	室外盘管温度不正常（查传感器是否断路或短路）	
亮	灭	灭	亮	室外环境温度不正常（查传感器是否断路或短路）	
亮	灭	亮	灭	压缩机排气温度过高保护（查制冷剂是否充足，毛细管是否堵塞，压缩机温度控制器是否正常，制冷外风机是否正常）	
亮	灭	亮	亮	室内盘管温度过高保护	
亮	亮	灭	灭	低温保护（室外环境温度低于−17℃）	
亮	亮	灭	亮	电流过低	
亮	亮	亮	灭	电流过高	
亮	亮	亮	亮	直流电源输入电压不正常（查是否存在过压或欠压保护）	
灭	灭	闪烁	灭	压缩机顶盖热保护开关断开（查是否缺氟）	
灭	灭	闪烁	闪烁	室外盘管温度过热保护	
灭	闪烁	灭	灭	室内盘管冻结保护	
灭	闪烁	闪烁	灭	四通阀转换不正常	
灭	闪烁	闪烁	闪烁	室外 E2PROM 读数错误及 IC 插座接触不良	

十一、长虹 KFR-35GW/DH1 空调器故障指示

指示灯	故　　障	备　　注
运行灯闪烁	外盘传感器有问题	此故障指示同样适用于长虹 KF-27GW/H1、KFR-27GW/H1、KFR-27GW/DH1、KF-32GW/M1、 KFR-32GW/M1、KFR-32GW/DM1、KF-25GW/M1、KFR-25GW/M1、KFR-25GW/DM1、KF-22GW/L、KFR-22GW/L、KF-25GW/L、KFR-25GW/L、 KFR-32GW/A1、 KFR-32GW/DA1、KF-23GW/A1、KFR-25GW/M、KFR-32GW/M、KF-35GW/H1、KFR-35GW/H1 型号空调器
待机灯闪烁	室温传感器有问题	
定时灯闪烁	室内盘管温度传感器有问题	

十二、长虹 KFR-35GW/EQ 空调器故障指示

指示灯	故　　障	备　注
运行灯闪烁	PG 电动机相关电路异常	
定时灯闪烁	内盘传感器损坏	
待机灯闪烁	室温传感器损坏，相关电路故障	

十三、长虹 KFR-75LW/WD3S、KF-75LW/W3S 空调器故障代码

代码	故　　障	备注
E0	工作正常	
E1	主控板与面板不能通信	
E2	主控板与面板不能通信（Q203～Q205、D210、D226、Q211 失效）	
F1	高压开关保护	
F2	室外风机热保护	
F3	室内风机热保护	
F4	低压开关保护	
F5	逆相保护（R240、R241 开路，D222、D201、IC205、IC211 失效）	
F6	缺相保护	
H1	压缩机过流保护	
H2	压缩机堵转保护	
H3	压缩机无电流	
P1	制冷过载	
P2	制热过载	
P3	系统不正常	
P4	温度控制器有问题	

十四、春兰 KFR-35GW/BP 空调器故障代码

代码	故　　障	备　　注
E0	通信不正常	
E1	室外传感器断路或短路	
E2	压缩机过载保护	
E3	过流保护	
E4	功率模块保护	
E5	室外盘管温度传感器过高保护	
E6	排气温度过高保护	
E7	系统压力不正常（预留）	
E8	PG 电动机转速不正常	
E9	室内盘管温度传感器过高保护	

十五、春兰 KFR-50H2d 柜机故障代码

代码	故　　障	备注	代码	故　　障	备注
E1	排气温度过高		E4	系统压力过高	
E2	压缩机过电流		E5	系统压力过低	
E3	相序错误		E6	防冻结保护	

十六、大金 RY71、RY125 柜式空调器故障代码

代码	故　　障	备　注
A1	室内机印制电路板组合不良	
A3	室内排水水位系统有问题	
A7	风向调节电动机有问题	
C4	室内盘管温度传感器有问题	
C9	室内环境温度传感器有问题	
E0	室外保护元件动作	
E3	室外系统高压压力不正常	
F3	室外排气温度不正常	
H3	室外高压继电器不良	
H9	室外环境温度传感器有问题	
J3	室外排气温度控制器有问题	
J6	室外盘管温度传感器有问题	
U2	欠压保护	
U4	室内外机通信连接不上	
U5	室内机与遥控器通信不正常	
UA	系统设定有误	

十七、格兰仕 KFR-51LW、KFR-68LW、KFR-71LW 系列空调器故障代码

代码	故　　障	备　注
FF01	防冻结保护	中央真空电子动态显示屏
FF03	制冷外管温过热保护	
FF04	制热外管温过热保护	
FF07	室温探头有问题	
FF08	管温探头有问题	
FF09	外盘管探头有问题	

十八、格力 KFR-50L/H610 空调器故障代码

代码	故　障	备注
E1	压缩机电流过大;排气温度过高;模块保护;过载保护器断开	
E2	室内蒸发器防冻保护	
E3	室内温度温度传感器短路或断路	
E4	室内蒸发器管温传感器存在短路或断路	
E5	室内外通信异常	

十九、格力 KFR-60LW/E 柜机空调器故障代码

代码	故　障	备注	代码	故　障	备注
E1	压缩机高压保护		E2	室内防冻结保护	
E3	压缩机低压保护		E4	排气管高温保护	
E5	低电压保护		E6	静电除尘故障	

二十、格力 KFR-70LW/ED 空调器故障代码

代码	故　障	备注	代码	故　障	备注
E1	高压保护		E4	排温不正常	
E2	防冻结		E5	过流保护	
E3	低压保护				

二十一、海尔 KFR-26GW/B（JF）、KFR-26GW/（JF）、KFR-36GW/B（JF）、KFR-36GW/C（F）、KFR-40GW/A（JF）定频空调器故障代码

代码	故　障	故障排除
E1	室内环境传感器有问题	查室室内环境传感器是否断路、短路、接触不良
E2	室内盘管传感器断路、短路、接触不良	查室内盘管传感器是否断路、短路、接触不良
E21	除霜温度传感器异常	查除霜温度传感器及相关检测电路
E4	单片机读入 EEPROM 数据错误	查存储器
E8	面板和主控板间通信异常	

续表

代码	故　　障	故 障 排 除
E14	室内风机有问题	查风机
E16	离子集尘有问题	
E24	CT 电流互感器断保护	查电路板 CT 电流互感器线圈是否不良、电路板是否有问题、压缩机是否有问题（如压缩机未启动、电流小、漏气等）

二十二、海尔 KFR-71DW/S、KFR-120DW 吊顶式空调器故障指示

指示灯	蜂鸣器	故　　障	备注
隔 3s 电源灯闪 1 次	蜂鸣器响 1 声	室内环境温度传感器有问题	
隔 3s 电源灯闪 2 次	蜂鸣器响 2 声	室内盘管温度传感器有问题	
隔 3s 电源灯闪 3 次	蜂鸣器响 3 声	室外环境温度传感器有问题	
隔 3s 电源灯闪 4 次	蜂鸣器响 4 声	室外盘管温度传感器有问题	
隔 3s 电源灯闪 5 次	蜂鸣器响 5 声	过电流保护	
隔 3s 电源灯闪 6 次	蜂鸣器响 6 声	系统压力保护	
隔 3s 电源灯闪 7 次	蜂鸣器响 7 声	室外低电压保护	
隔 3s 电源灯闪 8 次	蜂鸣器响 8 声	室内外通信异常	
隔 3s 电源灯闪 9 次	蜂鸣器响 9 声	电源相序错误或缺相	

二十三、海尔 KFRD-71LW/F 柜式空调器故障代码

代码	故　　障	备　　注
E1	室内环境温度控制器不正常	
E2	室内盘管温度控制器不正常	
E3	室外环境温度控制器不正常	
E4	室外盘管温度控制器不正常	此故障代码同时适用于海尔 KFRD-52LW/JXF、KFRD-62LW/F、KFRD-62LW/JXF、KFRD-71LW/SDF、KFRD-71LW/JXF、KFRD-120LW/F 空调
E5	室外电流过大	
E6	高压压力保护	
E7	电源欠压保护	
E8	室内控制面板与主控板通信不正常	
E9	室内外通信不正常	

二十四、海信 KFR-46LW/28AD、KFR-50LW/28AD、KF-72LW/28S、KF-72LW/28V、KFR-72LW/28SD、KFR-72LW/28VD、KFR-60LW/28D、KFR-50LW/27D、KFR-46LW/27D 空调器显示板故障指示及代码

代码及指示		故　　障	备　　注
2P 机型	3P 机型（温度条指示）		
E0	第一条闪烁	室内与显示板通信异常	3P 机型用温度条闪烁方式代表相应故障信息，2P 机型则对应显示 Ex，空调无故障时显示相应的温度
E1	第二条闪烁	室内外机板通信异常	
E2	第三条闪烁	三相电逆相有问题	
E3	第四条闪烁	管路高压有问题	
E4	第五条闪烁	过电流问题	
E5	第六条闪烁	外盘管传感器有问题	
E6	第七条闪烁	未用	
E7	第八条闪烁	内盘管传感器有问题	
E8	第九条闪烁	内环境传感器有问题	
E9	第十条闪烁	隔栅有问题	

二十五、海信 KFR-46LW/28AD、KFR-50LW/28AD、KF-72LW/28S、KF-72LW/28V、KFR-72LW/28SD、KFR-72LW/28VD、KFR-60LW/28D、KFR-50LW/27D、KFR-46LW/27D 空调器室内外电控板故障指示

指示灯	故　　障	备　　注
闪 1 次	室内外板通信异常	室内电控板：用板上一只 LED 闪烁代表相应故障信息
闪 2 次	内环境传感器有问题	
闪 3 次	内盘管传感器有问题	
闪 4 次	隔栅有问题	
闪 5～11 次	初次上电复位信息，按温度减调节键清除此信息，连续秒闪无故障信息	
闪 1 次	室内外板通信异常	室外电控板：用板上一只 LED 闪烁代表相应故障信息（仅限于 3P 柜机）
闪 2 次	三相电逆相有问题	
闪 3 次	管路高压有问题	
闪 4 次	外盘管传感器有问题	
闪 5 次	过流有问题	
闪 6 次	复位信息，1min 后此信息清除，连续秒闪无故障信息	

二十六、海信 KFR-50LW/AD、KFR-5001LW 空调器故障代码

代码	故　障	备　注
E1	室内温度控制器有故障	
E2	室内热交换器温度控制器有故障	
E3	室外热交换器温度控制器有故障	
E4	室外环境温度控制器有故障	此故障代码同时适用于海
E5	过欠压保护	信 KFR-50LW、KF-50LW 型
E6	防冻结保护	号空调器
E7	防高温保护	
E8	室外环境温度过低保护	
E9	过电流保护	

二十七、海信 KT3FR-70LW/03T、KT3FR-70LW/03TD 空调器故障代码

代码	故　障	备　注
E0	室内机与显示通信异常	
E1	室温传感器有问题	不带睡眠
E2	内盘传感器有问题	不带睡眠
E2	缺相相不平衡	带睡眠
E3	外盘传感器有问题	不带睡眠
E4	外环传感器有问题	不带睡眠
E5	室内外通信	不带睡眠
E5	电流过大	带睡眠
E6	EEPROM 有问题	不带睡眠
E7	过压保护	不带睡眠
E7	欠压保护	带睡眠
E8	压缩机低压	不带睡眠

二十八、华宝（科龙）KFR-50LW/A01 空调器故障代码

代码	故　障	备　注
E1	三相电源相序错误	此故障代码同时适用于
E2	三相电源缺相	KFR-71LW/A01、KFR-120LW/
E3	室内室外机通信不正常	A01 型号空调器

续表

代码	故　　障	备　　注
E4	室内机温度控制器不正常	此故障代码同时适用于 KFR-71LW/A01、KFR-120LW/A01 型号空调器
E5	室内机盘管温度控制器不正常	
E6	室外盘管温度控制器不正常	
E8	压缩机过热保护	
P1	压力过高保护	
P2	室内机过冷保护(制冷状态)	
P3	室内机过热保护(制热状态)	
P4	室内机 A 机盘管温度控制器不正常	
P5	室内机 B 机盘管温度控制器不正常	

二十九、华宝（科龙）KFR-70LW 柜式空调器故障代码

代码	故　　障	备注
E1	压缩机过流保护	
E2	电源缺相;高低压力继电、热继电器保护;互感器过电流	
E3	室外盘管温度控制器断路;室外温度过高	
E4	室内环境温度控制器 RT1 短路	
E5	室内环境温度控制器 RT1 断路	
E6	室内热交换器温度过高	
E7	室内热交换器温度过低	
E8	室内盘管温度传感器温度控制器 RT2 断路	

三十、科龙 KFR-50、KFR-73 柜式空调器故障代码

代码	故　　障	备注
E1	过冷保护	
E2	过热保护	
E3	压力继电器断开保护	
—9	室内环境温度传感器开路	
—59	室内环境温度传感器短路	

三十一、美的 A 系列分体机（星彩系列）空调器故障指示

工作灯	定时灯	化霜灯	故　　障	备　　注
闪烁	灭	闪烁	四次过流保护（PRCUR1）5Hz	适用的机型有：美的 KF-26GW/AY、KFR-26GW/AY、KFR-26GW/ADY、KF-32GW/AY、KFR-32GW/AY、KFR-32GW/ADY、KF-36GW/AY、KFR-36GW/AY、KFR-36GW/ADY、KF-43GW/AY、KFR-43GW/AY、KF-50GW/Y、KFR-50GW/Y、KF-60GW/Y、KFR-60GW/Y、KF-70GW/Y、KFR-70GW/Y、KF-70GW/SY、KFR-70GW/SY
闪烁	灭	灭	风机速度失控（SPABF）5Hz	
闪烁	闪烁	闪烁	过零检测出错（ACBAD）0.1Hz	
闪烁	闪烁	亮	主芯片与计算机连接不上（PRTRN）5Hz	
灭	灭	闪烁	室内蒸发器温度控制器存在断路或短路（PREVP）5Hz	
灭	闪烁	灭	室内温度控制器存在断路或短路（PRROM）5Hz	
闪烁	闪烁	灭	温度熔丝熔断保护（FUSED）5Hz	
亮	亮	亮	通电时 E2PROM 读数出错	

三十二、美的 C1 系列分体挂壁式空调器故障代码

代码	故　　障	备　　注
P0	过流保护（连续 4 次）	适用的机型有： 1.整机型号为 KFR-33GW-C1Y，室内机组型号 KFR-33G/C1Y，室外机组型号 KFR-33W/C1 2.整机型号为 KF-33GW/C1Y，室内机组型号为 KF-33G/C1Y，室外机组型号为 KF-33W/C1
P1	室内风机速度失控	
P2	室内板与开关板通信连接不上	
P3	室内蒸发器温度控制器断路或短路	
P4	室内房间温度控制器断路或短路	
P5	室内风机温度熔丝不正常	
P6	过零检测故障	
P7	机型选择错误	

三十三、美的 E 系列柜式定频空调器故障代码

代码	故　　障	备　　注
E01	温度控制器存在断路或短路	在出现故障时 LED 以 2Hz 频率闪烁
E02	压缩机过流保护	
E03	压缩机欠流	
E04	室外机保护	
E05	温度控制器存在断路或短路	
P02	压缩机过载保护	

续表

代码	故　　障	备　　注
P03	制冷时室内蒸发器温度过低	在出现故障时 LED 以 2Hz 频率闪烁
P04	制热时室内蒸发器温度过高	
P05	制热时室内出风口温度过高	

三十四、美的 I1 分体机星光系列空调器故障指示

工作灯	定时灯	化霜灯	故　　障	备　　注
闪烁	灭	闪烁	4 次电流保护（PRCUR1）5Hz	适用的机型有：美的 KF-23GW/I1Y、KFR-23GW/I1Y、 KFR-23GW/I1DY、KF-26GW/I1Y、KFR-26GW/I1Y、KFR-26GW/I1DY、 KF-32GW/I1Y、 KFR-32GW/I1Y、KFR-32GW/I1DY
闪烁	灭	灭	过零检测出错（ACBAD）	
闪烁	闪烁	闪烁	室内传感器断路或短路（PREVP）5Hz	

三十五、美的 K2 系列、F2 系列、H1 系列柜式空调器故障指示

指示灯显示	故障部位	备　　注
定时灯以 5Hz 闪烁	室内温度控制器检测口	当室外机保护和温度控制器检测口不正常同时发生时，优先指示室外机保护故障 保护后停机，按键和遥控仍起作用，故障清除后，继续按原状态运行 适用的机型有：美的星海系列 KF-50LW/F2Y、KFR-50LW/F2Y、KFR-50LW/F2DY、KF-71LW/F2Y、KFR-71LW/F2Y、KFR-71LW/F2DY、KF-71LW/F2SY、 KFR-71LW/F2SDY、 KF-120LW/F2SY、 KFR-120LW/F2SDY、 KF-50LW/K2Y、KFR-50LW/K2Y、KFR-50LW/K2DY、KF-71LW/K2Y、KFR-71LW/K2Y、KFR-71LW/K2DY、KF-71LW/K2SY、KFR71LW/K2SDY、KF-120LW/K2SY、KFR-120LW/K2SDY；美的世纪星（新电控迷你型）系列 KF-43LW/H1Y、KFR-43LW/H1DY

三十六、美的清静星 26、33C1 系列分体式空调器故障代码

代码	故　　障	备　　注
P0	过流保护（连续 4 次）	
P1	室内风机速度失控	
P2	室内板与开关板通信不正常	

续表

代码	故　　障	备　注
P3	室内蒸发器温度控制器断路或短路	
P4	室内房间温度控制器断路或短路	
P5	室内风机温度熔丝不正常	
P6	过零检测故障	
P7	选择机型错误	

三十七、日立 KFR-32GW 空调器故障指示

指　示　灯	故　　障	备注
运行灯闪亮(亮 0.5s 灭 0.5s)1 次/8s,定时灯点亮	室内盘管温度传感器短路或断路	
运行灯闪亮(亮 0.5s 灭 0.5s)2 次/8s,定时灯点亮	室温传感器短路或断路	
运行灯闪亮(亮 0.5s 灭 0.5s)5 次/8s,定时灯点亮	外机有问题(压缩机电容及其本身损坏;缺氟;欠压/过压使压缩机过热保护)	
运行灯闪亮(亮 0.5s 灭 0.5s)6 次/8s,定时灯点亮	内电动机或风机电容损坏	

三十八、三星空调器故障代码

代码	故　　障	备注
E1	室内感温包短路或开路	
E2	门电动机缺陷、门传感器缺陷、连接线接触不良、装配不良	
E4	格栅电动机缺陷、限位开关缺陷、连接线接触不良、装配不良	
E5	室内盘管温度传感器开路或短路	
E6	化霜管温传感器开路	
E7	电加热器温度传感器开路或短路	
E0	电加热器超高温、室内电动机堵转、室内电动机损坏	

三十九、三洋 H 系列空调器故障代码

代码	故　　障	备注
H1	压缩机电动机过载	
H3	压缩机电流检测电路不正常	
H10	电压不正常	

续表

代码	故 障	备注
H12	电流值不正常被锁定	
H19	压缩机接触器不正常	
H2	压缩机电动机被锁定	
H9	压缩机接触器保护	
H11	检测电路不正常	
H18	压缩机接触器振动	

四十、三洋 P 系列柜机空调器故障代码

代码	故 障	备注
P01	室内机风扇电动机保护恒温器	
P03	有不正常的放电温度	
P05	反相或相位异常	
P10	浮动开关	
P02	室外机风扇电动机保护恒温器、压缩机保护恒温器不正常	
P04	高压开关	
P09	面板的线路连接故障	

四十一、新飞 KFR-33GW 空调器故障指示

指示灯	闪烁次数	故 障 部 位
运转灯(绿色)	1 次/8s	室内温度传感器
	2 次/8s	室内盘管温度传感器
	6 次/8s	室内风机
定时灯(黄色)	3 次/8s	室外机盘管温度传感器
	5 次/8s	室外机

四十二、新飞 KFR-50LW/D/DK/DW/DT 柜式空调器故障代码

代码	故 障 部 位	备 注
E1	室内温度控制器	此故障代码同时适用于新飞 KF-5LW/K/X/T、KF-60LW/XK/K/X/T、KFR-60LW/DXK/DK/DX/DT 等机型
E2	室内盘管温度控制器	
E3	室外盘管温度控制器	
E4	室外机	

四十三、新科 KFR（D）-25GWE 故障指示

指示灯			故障	备注
L1	L2	L3		
亮	灭	灭	制冷剂泄漏、不制冷	此故障指示同时适用于 KFR-29GWE、KFR-35GW（F、EF、B、BF)型号空调器
亮	亮	灭	T1 断路或不良	
亮	灭	亮	T2 断路或不良	
灭	亮	亮	T3 断路或不良	
亮	亮	亮	欠压保护(定时灯闪烁)	

四十四、新科 50BM 系列空调器故障代码

代码	故障	备注	代码	故障	备注
01	T1 故障		15	T3 故障	
02	T2 故障		16	T5 故障	
04	室内通信不正常		17	压缩机排气温度过高	
05	室内风机故障		18	互感器不正常	
06～09	预留		19	互感器不正常	
10	过电流保护		20	室外通信不正常	
11	IPM 模块保护		21、22	预留	
12	AC 不正常		23	缺氟	
13	E2PROM 故障		24	四通阀故障	
14	T4 故障				

四十五、伊莱克斯 KFR-35GW/C 空调器故障代码

代码	故障	备注
P1	室内温度传感器异常	
P2	室内盘管温度传感器异常	
P2	室外盘管温度传感器异常	
P3	室内除霜温度传感器异常	
P4	室外除霜温度传感器异常	
P5	制热长时间无热风吹出	
P6	E2PROM 故障	
P7	显示板与室内控制板通信不正常	
P8	室内机风扇电动机故障	

四十六、伊莱克斯 KFR-50GW 空调器故障指示

指　示　灯	故障部位	备注
21℃、30℃灯点亮,22℃灯闪亮	风机	
21℃、30℃灯点亮,25℃灯闪亮	制冷系统	
21℃、30℃灯点亮,23℃灯闪亮	室温传感器	
21℃、30℃灯点亮,24℃灯闪亮	室内盘管温度传感器	

四十七、伊莱克斯 KFR-72LW/BDS 空调器故障代码

代码	故　　障	备注	代码	故　　障	备注
△3	相序错		△6	高压保护	
△4	缺相、断相		△7	室外温度传感器异常	
△5	低压保护		△8	室内室外机通信故障	

四十八、志高 285、325、388、418 挂壁式空调器故障指示

运行灯	定时灯	故障部位	备注
闪亮 1 次/8s	点亮	室内盘管温度控制器	
闪亮 2 次/8s	点亮	室内温度控制器	
点亮	闪亮 5 次/s	室外机组	
闪亮 6 次/8s	点亮	室内风机	

四十九、志高 2HP 华丽柜式、华丽 VFD 柜式空调器故障代码

代码	故　　障	备注	代码	故　　障	备注
7	制热室内盘管过热保护		12	室外机不正常	
10	管温传感器不良		13	过流保护、供电不正常	
11	室内温度控制器不正常				

课堂二 参考主流芯片应用电路

一、93C46

存储芯片 93C46 参考应用电路如图 5-1 所示。

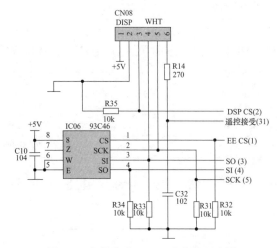

图 5-1 存储芯片 93C46 参考应用电路

二、AT24C02

存储器 AT24C02 参考应用电路如图 5-2 所示。

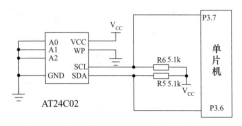

图 5-2 存储器 AT24C02 参考应用电路

三、BA8206

蜂鸣器驱动电路芯片 BA8206 参考应用电路如图 5-3 所示。

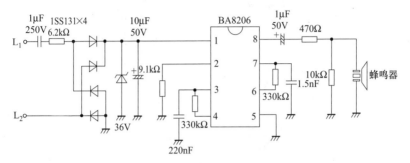

图 5-3 蜂鸣器驱动电路芯片 BA8206 参考应用电路

四、LM7805

电源电路 LM7805 参考应用电路如图 5-4 所示。

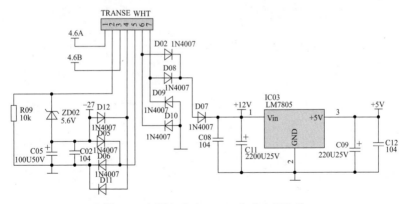

图 5-4 电源电路 LM7805 参考应用电路

五、MC68HC05sR3

单片机 MC68HC05sR3 参考应用电路如图 5-5 所示。

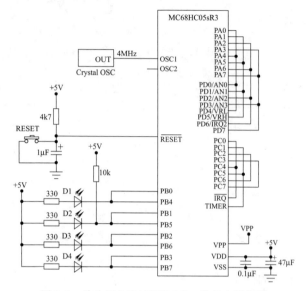

图 5-5　单片机 MC68HC05sR3 参考应用电路

六、NCP1200P60

开关电源 PWM 控制芯片 NCP1200P60 参考应用电路如图 5-6 所示。

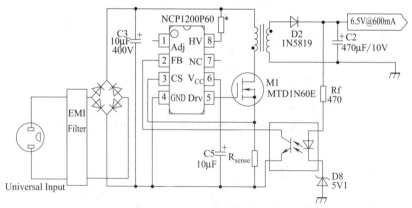

图 5-6　开关电源 PWM 控制芯片 NCP1200P60 参考应用电路

七、NW6372

显示芯片 NW6372 参考应用电路如图 5-7 所示。

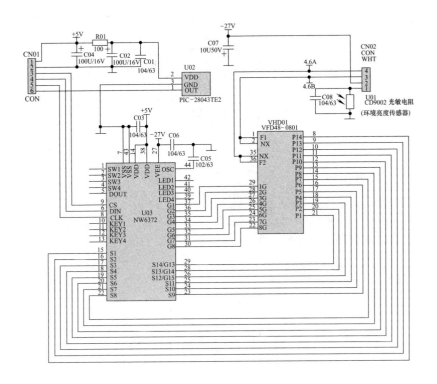

图 5-7 显示芯片 NW6372 参考应用电路

八、TD62003AP

四通阀控制芯片 TD62003AP 参考应用电路如图 5-8 所示。

九、TLP521

过零检测芯片 TLP521 参考应用电路如图 5-9 所示。

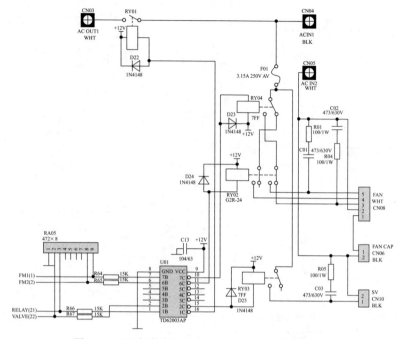

图 5-8　四通阀控制芯片 TD62003AP 参考应用电路

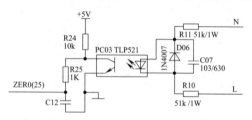

图 5-9　过零检测芯片 TLP521 参考应用电路

课堂三 电路或实物按图索故障

一、三星 KFRD-70LW/WSJ 柜式空调室内机主控板

三星 KFRD-70LW/WSJ 柜式空调室内机主控板可按图 5-10 索故障。

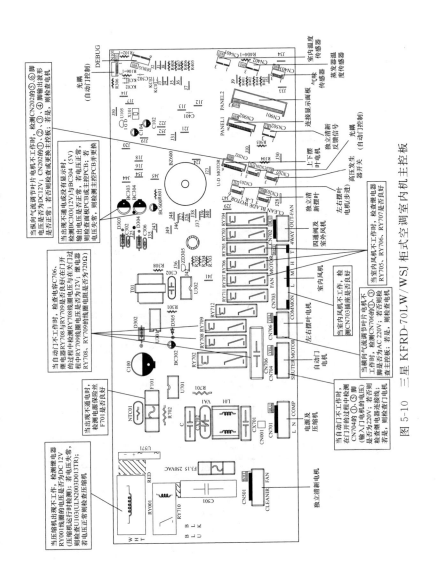

图 5-10　三星 KFRD-70LW/WSJ 柜式空调室内机主控板

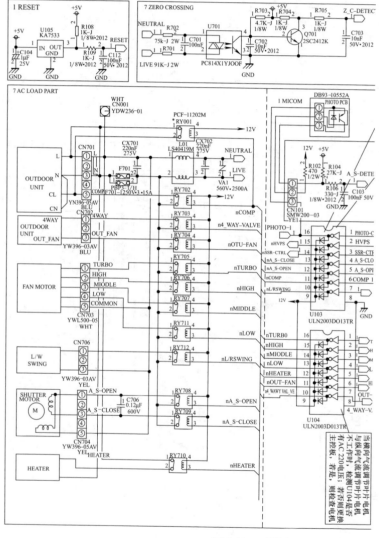

图 5-11 三星 KFRD-70LW/WSJ

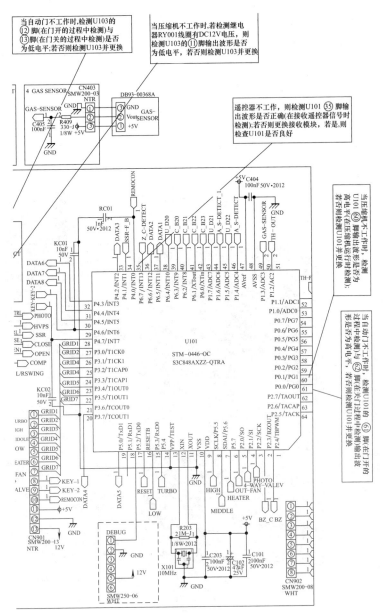

柜式空调室内机电路板

二、三星 KFRD-70LW/WSJ 柜式空调室内机主控板

三星 KFRD-70LW/WSJ 柜式空调室内机主控板可按图 5-11 索故障。

三、科龙 KFR-23GW/NF 空调室内机主控板

科龙 KFR-23GW/NF 空调室内机主控板可按图 5-12 所示索故障。

图 5-12　科龙 KFR-23GW/NF 空调室内机主控板

四、科龙 KFR-23GW/NF 空调室外机及遥控板

科龙 KFR-23GW/NF 空调室外机及遥控板按图 5-13 所示索故障。

遥控接收器，损坏时遥控器不能遥控

遥控板与主板连接插座，接触不良时遥控失效

应急启动开关，因天气原因潮湿漏电，容易出现自动开机故障。不良时也会出现自动开机故障

指示灯，损坏时指示灯不亮

压缩机启动电容，失容时压缩机有"嗡嗡"声，制冷效果差更换时应更换同规格的电容，否则影响压缩机的使用寿命

室外风机启动电容，失容时风机不能启动，漏电时风机也不能启动，风机有"嗡嗡"声整机停机保护

室外风机供电线，该接触点接触不良时室外风机不转。在该线上用钳形表可测风机电流

压缩机供电线(火线)，测其电流可知道压缩机的负载情况是否正常

电磁阀供电线，冬天移机收氟可断开该线，使电磁阀不动作，开机即进入制冷状态

图 5-13 科龙 KFR-23GW/NF 空调室外机及遥控板